REN YU HUANJING ZHISHI CONGSHU

人与环境知识丛书

绿色未来与新思维

刘芳 主编

"人与环境知识丛书"是一套科普图书，旨在通过介绍与人类生产、生活以及生命健康密切相关的环境问题向大众普及环境知识，提高大众对环保问题的重视

ARTTIME
时代出版

时代出版传媒股份有限公司
安徽文艺出版社

图书在版编目（ＣＩＰ）数据

绿色未来与新思维 / 刘芳主编. — 合肥：安徽文
艺出版社，2012.2（2024.1重印）
（时代馆书系·人与环境知识丛书）
ISBN 978-7-5396-3970-3

Ⅰ．①绿… Ⅱ．①刘… Ⅲ．①环境保护－青年读物②
环境保护－少年读物 Ⅳ．①X-49

中国版本图书馆 CIP 数据核字(2011)第 247960 号

绿色未来与新思维
LÜSE WEILAI YU XIN SIWEI

出 版 人：朱寒冬
责任编辑：朱寒冬　　　　　　　　装帧设计：三棵树　文艺

出版发行：安徽文艺出版社　　www.awpub.com
地　　址：合肥市翡翠路 1118 号　　邮政编码：230071
营 销 部：(0551)3533889
印　　制：唐山富达印务有限公司　　电话：(022)69381830

开本：700×1000　1/16　印张：9.5　字数：150 千字
版次：2012 年 2 月第 1 版
印次：2024 年 1 月第 5 次印刷
定价：48.00 元

前　　言

我们不得不承认，随着科技的飞速发展、资源开采技术的不断提高，人类的生活水平发生了翻天覆地的变化。然而，人类在不断取得巨大成就的同时，也面临着空前的危机：人口膨胀、环境污染、能源短缺、温室效应加剧、物种灭绝、土地沙漠化扩大、自然灾害频发……

所有这一切，对人类的生存和发展构成了严重的威胁。人类长期以来以地球的主人自居，想尽一切办法征服自然、利用自然，无止境地从大自然中索取，而忽视了地球的承载能力，以及其他物种和自然界万事万物的内在价值。

面对满目疮痍的地球，一些有识之士迅速觉醒，他们通过细致的调查研究，经过不懈的斗争，举起了环境保护的大旗，将他们的实践、思想撰写成书。这些书论据充分、说理透彻、内容丰富，涉及文学、科普以及学术研究等领域。许多著作在世界或中国绿色运动史上起过重大作用，影响深远，对唤醒读者的环保意识，促动每个人从身边小事做起具有重要的实践意义。在环境现实的印证下，他们的理念被越来越多的人所接受，更多的人加入到环境保护的浪潮中，世界各国的环保组织纷纷建立。

在世界环境保护运动史上，许多著作以其对自然和生命的深刻体悟、对自然景观的细致描绘、对家园毁损的哀叹、对生活观念的反思，影响深远，如《沙乡年鉴》从人与人之间的关系出发，扩展到人与自然的关系、人与土地的关系，对于自然、土地和人类的关系做了深入的思考。随着该书的启蒙，人们对生态环境给予了越来越多的关注。《寂静的春天》针对人们滥用农药对环境造成污染的事实进行了披露，作者卡森的言论震惊了民众，并且受到工商业者的攻击，她在强大的压力下仍坚持自己的观点，后来引起了美国民众

的认同，各种环保组织纷纷建立。该书促成了联合国"人类环境大会"的召开，并签署了《人类环境宣言》，开始了世界范围的环境保护事业。《自然的终结》对因温室效应引起的全球变暖的诸多后果进行了论述，引发了人们对温室气体的关注，人们逐渐改变了生活习惯，最终使得"低碳生活"蔓延开来。《多少算够——消费社会与人类的未来》反省了人类的消费方式，揭示了消费主义与环境问题的内在联系：消费越多，污染越多，对自然资源的攫取也会越多。作者将自然和人类的命运联系在一起，使人们重视消费，逐渐调整消费观念……许多著作一经出版便引起了巨大的轰动，成为人人必读的典籍，有些还被誉为"绿色圣经"。

这些曾经深刻影响世界的环保著作，即便在今天看来，也一样具有很强的现实意义。在这些经典作品中所体现出的光辉思想历久而弥新。它们之前在人们心中播下的种子，已经在生根萌芽，而那些受到激发的行动，也正在改变着世界。

目　录

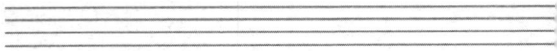

人与环境知识丛书

《沙乡年鉴》

作　者：[美] 奥尔多·利奥波德

译　者：侯文蕙

出版社：吉林人民出版社

作者简介

奥尔多·利奥波德（1887~1948），美国生态学家、环保主义者，被称为"美国野生生物管理之父"、"美国新环境理论的创始者"。他出生于美国艾奥瓦州伯灵顿市的一个德裔移民家庭。父亲是一位大自然热爱者，所以他从小就喜欢跟着父亲到野外活动。

为了更好地体验和研究生态平衡，1935年，利奥波德购买了一个荒弃的农场。在此后的日子里，这个被称作"沙乡"的地方和一所破旧的木屋，便成了他亲近大自然的"世外桃源"。

利奥波德长期从事林学和猎物管理研究，被尊为新自然保护运动浪潮的领袖。著有《沙乡年鉴》、《野生动物管理》等著作。

奥尔多·利奥波德像

内容简介

1908年，利奥波德任林务官，他认为自然界应是被人类高效利用的，自然是为人的长远利益而服务的。他认为狼吃掉了对人有用的鹿，是坏的捕食者，应该猎杀。但"到了1924年，鹿吃光了这个地区可吃的植物，头数减少也就成了必然的结果。此刻，一种对狼的负罪感时时困扰着我"。这一事实，使他对原来的认识产生了困惑。后来，他吸收生态科学的新观点，认识到自然"是一个高度组织起来的结构，它的功能的运转依赖于它的各种不同部分的相互配合和竞争"，并从"征服者最终都将祸及自身"的事实中得出人应该维护生态系统各组成部分和整体利益的伦理观。但他不是从简单的阐述生态学原理而提出资源保护的,他引入了伦理学。将土地共同体比拟于人与人之间的共同体,从人与人之间需要合作,进而认为土地共同体中每个成员都有"存在于一种自然状态下的权利",即为"土地伦理"。这种伦理暗含着对每个成员的尊敬。

并且,利奥波德将本用于人与人之间的伦理扩展到人与自然的关系中,要求人们转变观念。"只有当人们在一个土壤、水、植物和动物都同为一员的共同体中,承担起一个公民角色的时候,保护主义才会成为可能",让人们以这种方式遵循生态规律。其实,人是生物共同体的组成部分,维护共同体的"和谐、稳定和美丽"的最终目的是为了人的利益。

《沙乡年鉴》是一本随笔和哲学论文集,写于第二次世界大战期间。从1941年起利奥波德就开始寻找出版,由于本书批判地反思以人为本的功利性自然保护运动,力倡土地伦理,所以直到1948年他逝世前几天,才被告知牛津大学出版社准备出版该书。随着环境的不断恶化,直到20世纪60年代,人们才认识到环境问题的严重性,发现利奥波德学说的指导意义,从而在美国激起了巨大的反响。

《沙乡年鉴》分为三个部分。第一部分写作者在农场所看到和所做的事情:农场四周的四季景色,他为恢复生态所做的不懈的工作。这些文字按12个月份顺序依次排列,构成了"一个沙乡的年鉴"。第二部分记述了作者的科学研究生涯、他与大地的亲密关系、他的生态观念的转变背景、大地无可奈何的恶化进程等。第三部分从美学、文化传统以及伦理的角度,阐述了人与自然的关系、人与土地的关系。

本书是作者对于自然、土地和人类的关系进行观察与思考的结晶。迄今所发展起来的各种道德都不会超越这样的一个前提:人是一个由各个相互影响的部分所组成的共同体的成员。土地伦理只是扩大了这个共同体的界限,它包括土壤、水、植物和动物。当我们把自身看成是隶属于土地的共同体时,我们就会带着热爱与尊敬来使用它。对土地来说,是没有其他方法可以逃脱人类的影响的。土地产生了文化结果,但却总是被人所忘却。从某种层面上来说,土地应该被热爱和被尊敬,这是一种伦理观念的延伸。作者倡导的开放的"土地伦理",呼吁人们以谦恭、善良的姿态对待土地。他在书中表述了土地的生态功能，以此激发人们对土地的热爱，强化人们维护这个共同体健全的道德责任感。他试图寻求一种能够增强人们对土地的责任感的方式，同时希望通过这种方式也影响到政府对待土地和野生动物的态度和管理方式。

作者以科学的、实事求是的原则来观察和记录所发现的一切，折射出对大自然的热爱，对土地的尊敬。富于文采的文字有力地表达了作者的心情，整篇文章都散发着四季的风声和气息。

历史影响

《沙乡年鉴》是土地伦理学的开山之作，在美国是一本与梭罗的《瓦尔登湖》并驾齐驱的光辉著作，被美国人视为20世纪最重要的自然主义作品，被生态学界奉为"绿色圣经"。随着该书的"启蒙"，人们对生态环境给予了越来越多的关注。尤其是21世纪，人类生存的自然环境频遭破坏、土地开始报复人类的时候，这种绿色的呼声更显得珍贵。

精彩书摘

丛林里的合唱

到了9月，黎明是在几乎没有鸟儿的帮助下开始的。一只歌带鹀可能会唱一支胡编乱凑的歌，一只丘鹬则可能会在它高高地飞往日间栖息的树林途中叽叽喳喳地叫上一阵，一只猫头鹰也可能会用最后一声颤抖的呼唤终止夜间的辩论。而其他的鸟儿则几乎什么也不说，什么也不唱。

但是，在这雾蒙蒙的秋天的黎明时分，有时——并不是在所有的时候，人们可以听到山齿鹑的合唱。突然间，寂静会被十几个"女低音"冲破，它们按捺不住对白天到来的赞美。然后在一两分钟之后，音乐会又会像它开始时一样，突然终止。

在这种难以捉摸的鸟的音乐中，有一种特别的优点。在最高的树梢上唱歌的鸟，很容易被看见，但也同样容易被忘掉，它们是易于被忘却的庸才。人们记住的是那从不露面的、从深不可测的树荫中倾泻出银弦一样的声音的隐士夜鸫；是那翱翔在高空，从云层后发出号角般声音的鹤；是那不知从什么地方的薄雾中发出嘤嘤声的草原榛鸡；是向黎明的寂静说再见的山齿鹑。甚至还没有一个自然科学家看见过它们的合唱表演，因为这些小小的鸟群总是静静地待在草原上看不见的栖息处，任何想接近它的打算都会自动导致一片宁静。

在 6 月份，预先就完全可以知道，在亮度达到 0.01 坎时，旅鸫就要发出声音，而其他歌唱者们的喧闹则会按着预告的顺序进行下来。但另一方面，在秋天，旅鸫是完全沉默的，因此根本不能真正预测群鸟的合唱是否会进行。我在这些寂静的清晨中所感受到的沮丧说明，使人期望的事物要比确定有把握的事物更有价值。为了期望听到山齿鹑的歌唱，是值得起个大早的。

秋天，在我的农场里，总有一窝或两窝山齿鹑，但拂晓时的合唱总要在很远的地方。狗对山齿鹑的兴趣甚至比我本人还高。这些山齿鹑栖息在一棵北美乔松

雾蒙蒙的树林

的树枝下，这样，即使在露水很重时，它们也能保持干燥。

我们为这支几乎就在我们门口台阶上唱出的清晨赞歌而骄傲。而且，不知怎么的，在秋色中，那些松树上发蓝的针叶，从那时起，就变得更蓝了；甚至那些松树下由悬钩子铺成的红地毯，也变得更红了。

点评集萃

《沙乡年鉴》被认为是环境保护主义的圣经。可以毫不夸张地说，利奥波德为一代人指出了一种新的自然观和一个用以透视人与自然关系的新视角。

——美国环境学家　苏珊·傅雷特

《沙乡年鉴》中的土地伦理观，是西方文献中第一个试图创建一种道德视野的伦理理论——将整个地球自然界作为一个整体置于其中。

——美国环保主义者　贝尔特·克里高特

《寂静的春天》

现代环境保护运动肇始之作　　蕾切尔·卡森诞辰百年纪念

Silent Spring

The sedge is wither'd from the lake, And no birds sing.

Rachel Carson

[美] 蕾切尔·卡森 著

吕瑞兰 李长生 译

寂静的春天

上海译文出版社

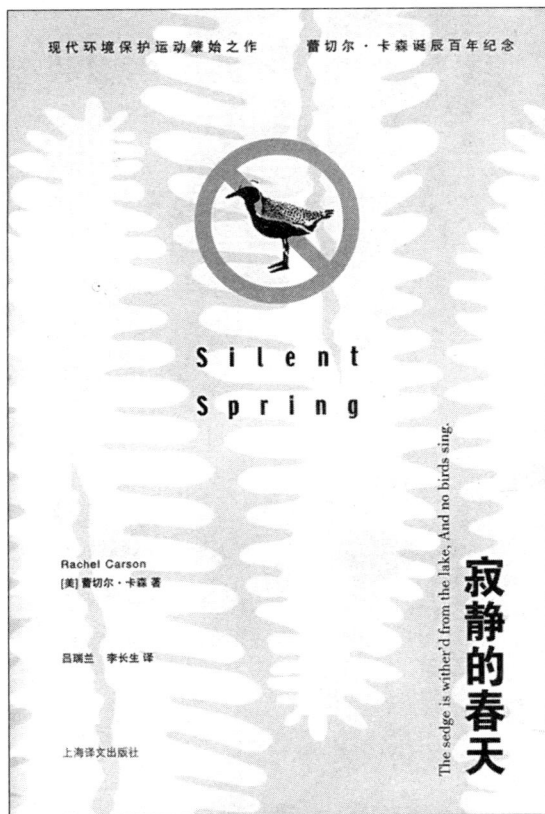

作　者：[美] 蕾切尔·卡森

译　者：吕瑞兰　李长生

出版社：上海译文出版社

作者简介

蕾切尔·卡森（1907～1964），美国著名作家、科学家、环境保护运动先驱。1980年，美国政府追授她"总统自由奖章"——对普通公民的最高荣誉。

卡森出生于宾夕法尼亚州斯普林达尔的农民家庭，1929年，毕业于宾夕法尼亚女子学院。1932年，获得霍普金斯大学动物学硕士学位。她先后在霍普金斯大学和马里兰大学任教。1935～1952年，卡森供职于美国联邦政府所属的鱼类及野生生物调查所，在工作中接触到许多环境问题。期间，她写过有关海洋生态的著作，如《在海风下》、《海的边缘》、《船长的桅灯》、《环绕着我们的海洋》等，这些著作使她获得了一流作家的声誉。

蕾切尔·卡森像

后来，卡森关注自然环境，写出《寂静的春天》一书，最终引发了美国乃至全世界的环境保护事业，这本书也成为美国和全世界最畅销的书。

内容简介

20世纪40年代，蕾切尔·卡森注意到DDT等杀虫剂污染环境的现象。她花了4年的时间研究化学杀虫剂对生态环境的影响，通过观察、采样、分析，在此基础上写成《寂静的春天》。本书出版于1962年，当时就产生了巨大的反响。仅1962年该书就销售了50万册。

书中惊世骇俗的关于农药危害人类环境的预言，不仅受到来自化学工业界和政府部门的猛烈攻击，也强烈地震撼了社会大众。卡森被说成是"杞人忧天者"、"自然平衡论者"。杀虫剂生产贸易组织——全国农业化学品联合会（NACA）不惜耗资 5 万美元来"宣传"卡森的"错误观点"，以保护自己的利益。但是，政界、科技界、工业界的许多人都认为，卡森所提出的问题和书的矛头直指科技成果的正直性、道德性和社会的导向性。书中，卡森向人们揭示了人对自然的冷漠，大胆地将滥用 DDT 的行为暴露于天下。

值得一提的是，卡森在身患重病、面对攻击，甚至是人身攻击的巨大压力下，仍然坚定地坚守自己的观点，并大声疾呼人类要爱护环境，要对自己的活动负责，要具有理性思维能力并与自然和睦相处。她不屈不挠的斗争引起了美国民众和社会的认同，甚至引起了时任美国总统尼克松的高度关注。经过调查，1963 年，美国政府认同了书中的观点。同年，她被邀请参加美国总统的听证会。在会议上，卡森要求政府制定保护人类健康和环境的新政策。

最终，书中深切的感受、全面的研究和无可辩驳的论点改变了"历史的进程"。本书在世界范围内引起了更大的轰动，很快被译成多种文字出版，并于 1972 年至 1977 年间陆续被译为中文，译本颇多，这里我们推荐的是吕瑞兰和李长生翻译的选本。

本书以寓言式的开头向我们描绘了一个美丽村庄的突变。书的前半部分，对土壤、植物、动物、水源等相互联系的生态网络的讲解，说明了化学药剂对大自然产生的毒害；后半部分则针对人类生活所接触的化学毒害问题，提出严重的警告。作者以详尽的阐释和独到的分析，细致地讲述了以 DDT 为代表的杀虫剂的广泛使用，给我们的生存环境所造成的难以逆转的危害——人类不断想控制自然的结果，却使生态破坏殆尽，也在不知不觉间累积毒物于自身甚至遗祸子孙。本书将近代污染对生态的影响透彻地展示在读者面前，给予人类强有力的警示。作者在书中对农业科学家的科学实践活动和政府的政策提出挑战，并号召人们迅速改变对自然世界的看法和观点，呼吁人们认真思考人类社会的发展问题。另外，她记录了工业文明所带来的诸多负面影响，直接推动了日后现代环保主义的发展。

评论家说，《寂静的春天》在著名记者斯诺的"两种文化"的鸿沟上架起了桥梁。斯诺的两种文化指自然科学论文上的文化与文学创作上的形象文化。因为她既是一位受到过良好训练的海洋科学家，又禀有一个诗人的洞察力和敏感。她在书中发掘了历来被忽视的对自然界的"惊异的感觉"。也正因此，她成功地将一本论述死亡的书变成了一阕生命颂歌，促成了国家公园式的自然保护向关注污染问题的转变。作为一本书，它所获得的荣誉和称赞是其他著作难以企及的。

40多年来，卡森超前的环保意识早已获得了证实，《寂静的春天》更在世界环境保护的浪潮中占有不可动摇的地位。

历史影响

《寂静的春天》是一部具有划时代意义的绿色环境科学的经典著作，它既贯穿着严谨求实的科学精神，又充溢着尊重生命的情怀。

在本书的影响下，仅至1962年底，就有40多个提案在美国各州通过立法以限制杀虫剂的使用；曾获得诺贝尔奖金的DDT和其他几种剧毒杀虫剂也被从生产与使用的名单中清除。该书同时引发了公众对环境问题的关注，各种环境保护组织纷纷成立，从而促使联合国于1972年6月12日在斯德哥尔摩召开了"人类环境大会"，并由各国签署了《人类环境宣言》，开始了世界范围的环境保护事业。

1992年，在卡森逝世后的第28年，《寂静的春天》被推选为世界上最具影响力的图书之一，被誉为"世界环境保护运动的里程碑"。

精彩书摘

现在每个人从未出生的胎儿期直到死亡，都必定要和危险的化学药品接触，这个现象在世界历史上还是第一次出现。合成杀虫剂使用才不到20年，就已经传遍生物界与非生物界，到处皆是。我们从大部分重要水系甚至地层下肉眼难见的地下水潜流中都已测到了这些药物。早在十多年前施用过化学药物的土壤里仍有余毒残存。它们普遍地侵入鱼类、鸟类、爬行类以及家畜和野生动物的躯体内，并潜存下来。科学家进行动物实验，也觉得要找个未受污染的实验物是不大可能的。

农药的使用会引起水和土壤的污染

在荒僻的山地湖泊的鱼类体内，在泥土中蠕行钻洞的蚯蚓体内，在鸟蛋里面都发现了这些药物，并且在人类本身中也发现了；现在这些药物贮存于绝大多数人体内，而无论其年龄之长幼。它们还出现在母亲的奶水里，而且可能出现在未出世的婴儿的细胞组织里。

这些现象之所以会产生，是由于生产具有杀虫性能的人造合成化学药物的工业突然兴起，并飞速发展。这种工业是第二次世界大战的产儿。在化学战发展的过程中，人们发现了一些实验室造出的药物消灭昆虫有效。这一发现并非偶然：昆虫，作为人类死亡的"替罪羊"，一向是被广泛地用来试验化学药物的。

这种结果已汇成了一股看来仿佛源源不断的合成杀虫剂的溪流。作为人造产物——在实验室里巧妙地操作分子群，代换原子，改变它们的排列而产生——它们大大不同于战前的比较简单的无机物杀虫剂。以前的药物源于天然生成的矿物质和植物生成物——即砷、铜、铝、锰、锌及其他元素的化合物；除虫菊来自干菊花，尼古丁硫酸盐来自烟草的某些属性，鱼藤酮来自东印度群岛的豆科植物。

这些新的合成杀虫剂的巨大生物学效能不同于它种药物。它们具有巨大的药力：不仅能毒害生物，而且能进入体内最要害的生理过程中，并常常使这些生理过程产生致命的恶变。这样一来，正如我们将会看到的情况一样：

它们毁坏的正好是保护身体免于受害的酶；它们障阻了躯体借以获得能量的氧化作用过程；它们阻滞了各部器官发挥正常作用；还会在一定的细胞内产生缓慢且不可逆的变化，而这种变化就导致了恶性发展之结果。

然而，每年却都有杀伤力更强的新化学药物研制成功，并各有新的用途，这样就使得与这些物质的接触实际上已遍及全世界了。在美国，合成杀虫剂的生产从 1947 年的 1.24 亿磅猛增至 1960 年的 6.38 亿磅，比原来增加了五倍多。这些产品的批发总价值大大超过了 2.5 亿美元。但是从这种工业的计划及其远景看来，这一巨量的生产才仅仅是个开始。

…………

DDT（双氯苯基三氯乙烷之简称）是 1874 年首先由一个德国化学家合成的，但它作为一种杀虫剂的特性是直到 1939 年才被发现的。紧接着 DDT 又被赞誉为根绝由害虫传染之疾病的，帮农民在一夜之间就可战胜田禾虫害的手段。其发现者，瑞士的保罗·穆勒曾获诺贝尔奖。

现在，DDT 被这样普通地使用着，在多数人心目中，这种合成物倒像一种无害的日常用品。也许，DDT 的无害性的神话是以这样的事实为依据的：它的起先的用法之一，是在战时喷撒粉剂于成千上万的士兵、难民、俘虏身上，以灭虱子。人们普遍地这样认为：既然这么多人与 DDT 极亲密地打过交道，而并未遭受直接的危害，这种药物必定是无害的了。这一可以理解的误会是基于这种事实而产生的——与别的氯化烃药物不同——呈粉状的 DDT 不是那么容易地通过皮肤被吸收的；DDT 溶于油剂使用，在这种状态下，DDT 肯定是有毒的。如果吞咽了下去，它就通过消化道慢慢地被吸收了，还会通过肺部被吸收。它一旦进入体内，就大量地贮存在富于脂肪质的器官内（因 DDT 本身是脂溶性的），如肾上腺、睾丸、甲状腺。相当多的一部分富存在肝、肾及包裹着肠子的肥大的、保护性的肠系膜的脂肪里。

点评集萃

蕾切尔·卡森的声音永远不会寂静。她惊醒的不仅是我们国家，甚至是整个世界。《寂静的春天》的出版应该被看成是现代环境运动的肇始。

——美国前副总统 艾尔·戈尔

在美国,《寂静的春天》成了当时出现的环境运动的基石之一,并且在由国家公园式的自然保护的视角向关注污染的视角转变过程中,发挥了主要作用。

——(美)《自然主义者书架》

蕾切尔·卡森是一位受到过良好训练的科学家,并且禀有一个诗人的洞察力和敏感。她知之愈多,她的惊异的感觉就生长得愈多。正因此,她成功地将一本论述死亡的书变成了一阕生命的颂歌。

——美国作家 保罗·布罗克斯

《封闭的循环

——自然、人和技术》

作　者：［美］巴里·康芒纳

译　者：侯文蕙

出版社：吉林人民出版社

作者简介

  巴里·康芒纳，美国知名生物学家、生态学家、教育家。1917 年出生于布鲁克林，1937 年毕业于哥伦比亚大学，先后获得哈佛大学的生物学硕士和博士学位。他的著述甚多，除《封闭的循环——自然、人和技术》外，还出版了《科学和生存》、《与地球和平共处》等书及数百篇科学论文。康芒纳被认为是美国20 世纪六七十年代在维护人类环境问题上最有见识、最具说服力的代言人。

巴里·康芒纳像

内容简介

  地球经历了若干年的漫长演化，才形成了如今的适于人类居住的环境。在演化过程中，顺应它的物种被保留了下来。然而，人类却把自己看成与其他物种本质上有别而且高于其他物种的理性存在。随着对自然资源的无止境攫取，环境污染已成为不可忽视的问题。

  在环境问题面前，生物学家的认识总是较一般公众深刻和超前：环境问题的出现是人类的自然观、价值观出了问题，如果人类以物质利益最大化的原则去利用资源，注定会彻底失败。与卡森的技术进步影响和决定人类文明的观点不同，巴里·康芒纳更多的是寻求环境危机背后隐藏的实质性的根源。他从空气、土地、水、人口，讲到生产技术对生物圈所造成的压力，最后讲到驱使人类走向毁灭的各种经济、社会和政治力量。他以敏锐的眼光、深刻的洞察力，将不断恶化的环境淋漓尽致地展现了出来。

  当人们把环境危机的原因归咎于"人口过多"和"富裕"时，巴里·康芒纳明确地告诉我们，除此之外，还需要到别处去寻求解释，并且他找到了新的解释——现代技术。因为"新技术是一个经济上的胜利——但它也是一个生态学上的失败"。他在考察了化肥、杀虫剂、洗涤剂、核污染、合成纤维、塑料、汽车等进入生物圈循环的例子后，发现"在每个例子中，新的技术都加剧了环境与经济利益之间的冲突"。由此他得出结论："最近一些年里吞噬着美国环境的危机的主要原因是，自第二次世界大战以来生产技术上的空前的变革。"

《封闭的循环——自然、人和技术》最初出版于 1971 年。本书当时除了生态工作者和生态哲学家们赞同外，并未得到世人的积极回应。不过，随之而来的环境问题，开始让更多的人接受了巴里·康芒纳的思想。

该书是围绕着自然、人和技术关系展开的讨论。作者认为，现代工业社会与它所依赖的生态系统之间的联系是技术，因而要寻找危机产生的技术根源。现代技术在生态上的失败是因为它忽视了生态上的要求，而仅仅以生产效率为追求目标，这是导致环境危机的技术根源。

在本书中，作者以一位生物学家的身份，怀着严谨的科学态度，以美国本身的环境问题为实例，对战后环境危机的根源做了审慎的分析——战后环境危机的根源，并不是经济增长本身，而是现代技术。这种造成经济增长的技术往往是从单一的追求生产效率的角度，或从单一的消费使用的目的出发而发明出来的。它忽略了其赖以发展的基础——生态系统，从而破坏了不断循环运动的生命圈。作者提出：要克服危机，首先要克服这种技术上的缺陷；要做到这点，则必须树立生态学的观点。只有人类采取有效的、自觉的"社会行动"，才能重建自然，才是解决环境危机最根本的途径。

历史影响

《封闭的循环——自然、人和技术》在世界环境保护运动史上占有重要的地位，一经出版就引起了巨大的震动。本书对导致环境危机的原因和技术进行了有力的批判，为人类的生存环境的可持续发展指明了道路。它惊醒了麻木的人们，使得有良知的人们对人类赖以生存的地球给予了更多的关注，越来越多的人加入到了环境保护的行列中来。

精彩书摘

每一种事物都与别的事物相关。

产生这个结论的某些论据已经讨论过了。它反映了生物圈中精密内部联系网络的存在：在不同的生物组织中，在群落、种群和个体、有机物以及它们的物理化学环境之间。

一个生态系统包括多重的内部相连的部分，它们相互影响着，单就这一个事实就有着某些令人惊异的结果。我们描述这种系统行为的能力因控制论的发展而获得很大的帮助，这个控制论的发展甚至比生态学还要更年轻。我们把这个基本概念以及这个词本身，都归功于已故的诺伯特·维纳的创造性的思想。

"控制论"（sybernetics）是从希腊词"舵手"的意思中产生的，它涉及掌握或控制一个系统的行动的各种过程的循环。舵手是一个系统的一部分，这个系统还包括罗盘、船舵及船。如果船偏离了罗盘所指示的方向，这个变化就会在罗盘针的活动上显示出来。当舵手观察到这种变化，并分析了情况后，这个过程就决定了后来的结果：舵手转动船舵，船舵使船拐回原来的航向。这时，罗盘针也就转回到原来的已定的航向位置上，这个循环周期也就完成了。如果罗盘针只是稍稍偏离，而舵手把舵又转得太远，船的过分摆动也会在罗盘上显示出来——它通过相反的活动来提醒舵手去纠正他的过火的行动。这样，这个周期的运转就使船的行进过程处在稳定的状态中。

……

生态系统也显示出类似的循环，尽管这些循环受到多种多样的天气和环境的各种媒介的日常或季节的影响，而且常常是不太明显的。这类生态学上的摆动的最为明显的例子是毛皮动物种群大小的阶段式的变化。例如，在加拿大的动物捕猎史上，兔子和山猫的种群是以几十年为一转折的。当兔子很多时，山猫的繁殖也很快，山猫种群的增大越来越多地影响到兔子的种群，使它减少下来；当兔子变得稀少时，也就没有足够的食物维持大量的山猫了；当山猫开始死去时，兔子所受的威胁也就较少些，于是数量又开始增加。如此循环往复。这些变化成为简单循环的组成部分，在这种循环中，山猫种群无疑是与兔子种群有关，而反过来兔子种群也与山猫种群有关。

在这种摆动系统中总存在着一种危险，即整个系统在这种摆动中的幅度超出于平衡点，以致这个系统不能再恢复它的正常水准时，整个系统就将崩溃。例如，假定在兔子—山猫循环周期的一部分摆动中，山猫设法吃掉了所有的兔子（或者就只剩了一只），这样，兔子的种群不可能再繁殖了。在正常的情况下，当兔子被吃掉时，山猫就要开始挨饿，但这一次，山猫种群减少之后是不会再有兔子数量的增加了。结果，山猫就要死去，整个兔子—山猫的体系也就崩溃了。

这与伴随着生态上的崩溃的那种被称为"富营养"的情况是相同的。如果水中的养分变得高到足以刺激水藻的迅速生长，稠密的水藻群体就会因为自身光合作用效力的限制，而不能长久地维持下来。随着水中水藻群厚度的增加，光合作用所需要的、能够达到水藻群底部的光则急剧消失，结果，任何茁壮的、过分生长的水藻都会很快死去，同时留下有机残骸。这样，有机物质的含量就会变得很大，以致它的降解完全消耗了水中所含的氧，于是腐生细菌死去，因为它们必须有氧才能生存。因此，整个水生循环崩溃了。

点评集萃

《封闭的循环——自然、人和技术》是自蕾切尔·卡森的《寂静的春天》出版以来，有关环境的最好和最有挑战性的图书之一。

——（美）《企业周刊》

如果下届美国总统有时间读一本书，那么这本书就应该是《封闭的循环——自然、人和技术》。

——（美）《纽约时报》

生态循环的链条周而复始地运转着，任何一个环节都不容"虐待"，也没有一个环节的承受力是无限的。

——英国生物学家　F.泰勒斯特

《只有一个地球

——对一个小小行星的关怀和维护》

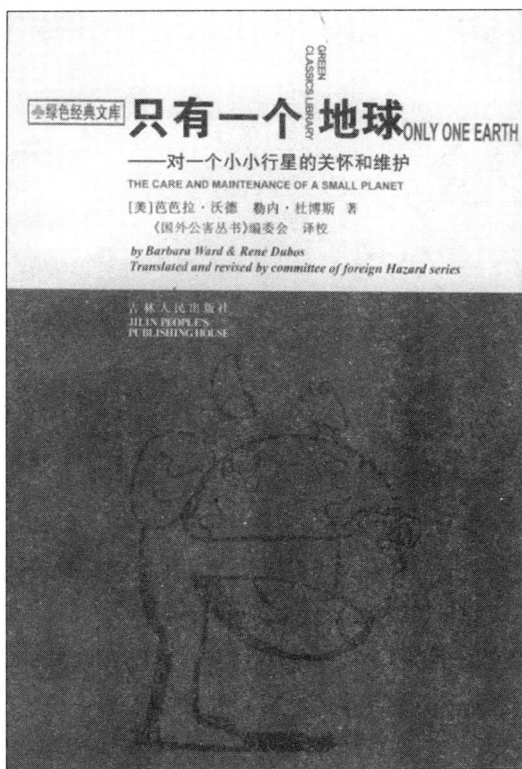

作　者：［美］芭芭拉·沃德　勒内·杜博斯

译　者：《国外公害丛书》编委会

出版社：吉林人民出版社

作者简介

芭芭拉·沃德，英国著名经济学家，一生著述甚多，除本书外，还著有《富国与贫国》、《改变世界的五种理想》、《印度和西方》、《高低不平的世界》、《民族主义意识形态》等作品。

勒内·杜博斯，美国微生物学家、实验病理学家、人文学家，富于著述，除本书外，还著有《人类是这样一种动物》、《人类适应性》、《人类、医学和环境》、《理智的觉醒》、《内心的上帝》等作品。

内容简介

《只有一个地球——对一个小小行星的关怀和维护》是沃德和杜博斯受时任联合国人类环境会议秘书长 M. 斯特朗的委托，为1972年在斯德哥尔摩召开的联合国人类环境会议提供的背景材料，材料由40个国家提供，并在152名专家组成的通信顾问委员会的协助下完成。它是一次国际合作的产物，实际上成为大会的基调报告。

本书概括了地球行星的生物圈概念，以及它的生态和社会经济的相互依赖性。共分为"地球是一个整体"、"科学的一致性"、"发达国家的问题"、"发展中国家的问题"、"地球上的秩序"五个篇章，从地球的发展前景，以不同的角度出发，讲述了资源与人口、经济发展和环境污染对不同国家所产生的影响，呼吁各国人民高度重视，努力维护人类赖以生存的地球，并且提出了"只有一个地球"、"同舟共济"的理念。

书中不仅论及了显而易见的污染问题，而且还将其与人口问题、资源问题、技术影响、农业与工业的发展、社会发展不平衡，以及世界范围的城市化困境等诸多方面联系起来，作为一个整体来探讨环境问题。全书始终将环境与发展结合在一起进行论述，在谈到发展中国家的问题时，作者指出："贫穷是一切污染中最坏的污染。"本书对环境及相关问题的看法是在归纳、总结各方面专家的意见的基础上形成的，因而具有广泛的代表性。

本书以通俗易懂的语言阐明了人类"只有一个地球"的道理，说明了保护地球生态环境的意义。

历史影响

《只有一个地球——对一个小小行星的关怀和维护》虽说是一份非正式报告，但其中的许多观点被联合国人类环境会议采纳，并写入了大会通过的《人类环境宣言》。因此，可以说这本书是世界环境保护运动史上的一份有着重大影响的文献。该书被译成多种文字出版，对于推动世界各国的环境保护工作发挥了巨大的作用。

精彩书摘

自古以来，人们一直习惯于把废物倾于河流，然后再从其中汲取饮水，这是一种自相矛盾的事，但在自然条件下，河流具有很大的自净能力。流水冲刷盐分、土壤、树枝和石屑，最后流入海洋。细菌利用溶于水中的氧来分解有机污物，并转而被鱼类和水生植物所吸收。然后水生植物再放出氧与碳回到生物圈。在这种情况下的唯一危险，就是有些微小的细菌会混入人的饮用水中，从而引起千百年来就成为人类痛苦的各种肠胃病。这些仍然是世界上大部分地区的主要污染，并且随着人口的增加，这类污染也在增多。

但是，自从人类脱离简单耕种的田园生活，进入新的城市和工业化的社会以来，水污染带来的问题就复杂得多了。首先，就是工业使成千上万的人集中到城市，所产生的污染物排入河中，超出了河流的自净能力；其次，工业生产大量地增加了细菌所不能分解的物质（非生物降解物），其中有些具有毒性，特别是像氰化物或汞、铅等无机物质。这些工业废弃物堆积在地面上，还可能通过渗透作用而将毒物渗入地下水或流进邻近的河流。

甚至，来自城市下水道、纸浆和造纸工业、牧场的有机（或生物降解的）废物，也能使河流中可利用的溶解氧消耗过多。细菌在分解污水中的杂质时，

需要消耗大量的氧，氧的含量下降了，有时甚至全部耗尽。可是，所有的水生生物都需要氧，所以缺氧的河流将会丧失生物生长的能力，变成数英里长的臭水沟。河水流得愈慢，危险性也就愈大。例如日本造纸城市富士市四周的所有河流，就是这种情景。

即使细菌将废弃物完全分解后还剩余部分氧气，也还有其他危险性。分解作用将有机污染物降解成为含有钾、磷、氮等基本元素的简单分子以及其他营养物。河水中增加了这些物质，相当于水生生物得到了大量的养料，从而使河流中的细菌和藻类得以大量繁殖，其结果是降低了水中氧的含量。由于水中缺少氧气，另一些不需氧的细菌——厌氧菌就乘虚而入，并与残余的废弃物起作用，而放出硫化氢之类的臭气。

凡是不流动而少氧的水体，富营养化现象都特别显著。天然冲刷到湖内的污泥和营养物，往往使湖水愈来愈浅，并且还改变了湖中原有的生物品种。而现代的淤泥沉积和工业排出物正好加速了这种变化。美国的伊利湖就是一个著名的实例。现在欧洲的许多湖泊，也同样面临着缺氧的危险，甚至内海也受到了影响。例如在兰索特海面所测定的波罗的海海水中的含氧量，发现自1900年以来已下降了250%，而目前该处海水中的氧几乎全部被消耗掉了。

更有甚者，现在还有大量人造的而非自然界固有的完全新型的污染物，源源不断地被投入河流。例如杀虫剂是大量人造化合物中最引人注目的物质。目前这类人工合成的化合物至少有50万种，而且新品种的增长率每年达500种。由于探索这些新化合物在将来可能造成的危害是很费钱的事，所以目前要在这方面进行彻底研究，希望是不大的。尽管人们的饮水经常受到这些物质的污染，但是对将来的影响如何，还很不清楚。

点评集萃

《只有一个地球——对一个小小行星的关怀和维护》概括了地球的生物圈概念，以及它的生态和社会经济的相互依赖性。它为人类的环保意识的萌芽、成长做出了贡献。

——美国生物学家　林顿·卡德威尔

很多人认为适应人类生存的星球不止地球一个，但是今天人类也没搬离地球去别的星球生活。起码到今天为止，还没找到地球的复制品。

——德国思想家　威廉·迪尔斯曼

很早的时候，我读到这本书。它令人惊恐，富于挑战。它给我一个强烈的感觉——那就是，我必须在一生中做些什么，以便帮助他人理解和解决全球的环境问题。

——美国环境学家　戴安娜·里弗曼

《增长的极限
——罗马俱乐部关于人类困境的报告》

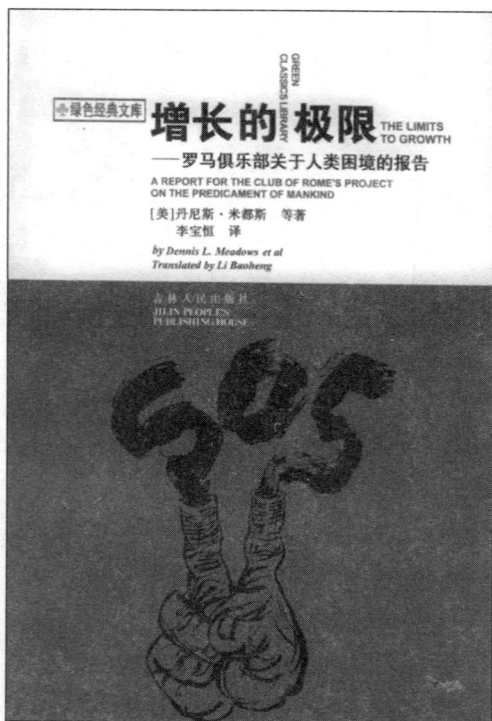

作　者：［美］丹尼斯·米都斯　等

译　者：李宝恒

出版社：吉林人民出版社

作者简介

丹尼斯·米都斯，美国麻省理工学院研究小组成员、指导者。除本书外，还著有《超越极限：正视全球性崩溃，展望可持续的未来》、《地球的治理方法》（合著）等。

内容简介

20 世纪 70 年代，国际社会出现了对资源短缺问题持不同观点的两大派别。悲观派认为，封闭的、固有的自然系统中的资源增长有一定的极限；然而乐观派认为，通过国家与市场的作用、技术的革新等，资源短缺的问题可以得到解决。

1972 年，罗马俱乐部（关于未来学研究的国际性民间组织）提出了《增长的极限》的报告，运用"模型和指数增长"的方法，阐释了经济增长与诸多因素的关系，为悲观派的观点增加了砝码。在报告中，以丹尼斯·米都斯为代表的经济学家认为：工业社会的经济增长付出的代价过大，而且已经没有发展的空间了。丹尼斯·米都斯将人口激增、粮食短缺、资源枯竭、环境恶化、能源消耗这五大因素用系统动力学原理连接成"反馈回路"，建立了一个增长模型。

《增长的极限——罗马俱乐部关于人类困境的报告》一书，于 1972 年 3 月完成，出版后曾在社会上引起轩然大波，到 1973 年的石油危机之后，才开始受到广泛的关注。该书后被译成 30 多种文字出版。20 世纪 80 年代，该书被介绍到中国。

在本书中，丹尼斯·米都斯这样总结他的思想：①如果在世界人口数量、工业化进程、环境污染、粮食生产、资源消耗等方面按现在的趋势继续下去，地球上增长的极限将在今后 100 年中发生。最可能的结果，是人口数量和工业生产力出现不可控制的衰退。②改变这种增长趋势，建立稳定的生态环境和经济条件，以支撑遥远的未来是可能的——使每个人的基本物质需要得到满足，并且都有实现个人潜力的机会。③如果全人类决心追求第二种结果，他们为达到这种结果而开始工作得愈快，他们成功的可能性就愈大。

对于解决人类困境的出路，本书给出了这样的建议：人口规模和工厂资本在规模上保持不变。人口的出生率等于死亡率，资本的投资率等于折旧率；所有的投入和产出的速率保持最小；资本和人口的水平、比例与社会价值一致。随着技术的进步创新加以修正，慢慢地加以调整。简而言之，丹尼斯·米都斯在本书中的建议是：避免世界"灾难性的崩溃"的出路只有"零增长"。

书中的观点在当时西方发达国家中并不以为然。现在，经过系统而又深入的研究，越来越多的人取得了共识。人们日益深刻地认识到：产业革命以来的经济增长模式——"人类征服自然"，其后果是使人与自然处于尖锐的矛盾之中，地球是人类赖以生存的基础，但是，人类的发展却总是给它带来无尽的折磨和无法修复的毁坏。全球气候变暖、海平面上升、土地沙漠化、人口的暴涨……传统工业化的道路，使人类社会面临严重的困境，实际上是使人类走上了一条不能持续发展的道路。

人类必须在思想上高度重视，在行动上高度负责，否则，人类社会就难以避免在严重的困境中越陷越深，为摆脱困境所付出的代价也将越来越大。

历史影响

《增长的极限——罗马俱乐部关于人类困境的报告》所提出的全球性问题早已成为世界各国学者、专家们热烈讨论和深入研究的重大问题。这些问题也成为世界各国不容忽视、亟待解决的重大问题。本书表达了作者对人类前景的担忧，给人类社会的传统发展模式敲响了第一声警钟。作者对人类的极度关切，鼓舞着更多的人来思考世界上各种长期存在的问题，从而掀起了世界性的环境保护浪潮。

我们已经看到，在没有抑制的情况下，正反馈回路导致指数增长。在这个世界系统中，现在有两个正反馈回路处于优势，引起人口和工业资本的指数增长。

在任何有限系统中，必须有抑制才能停止指数增长，这种抑制是负反馈回路。随着增长接近于这个系统所处环境的最终极限或负荷能力，负反馈回路变得越来越强。最后，负回路与正回路平衡，或者处于支配地位时，增长就结束了。在这个世界系统中，负反馈回路包括环境污染、不可再生资源的耗竭和饥荒等一些过程。

这些负反馈回路的行动所固有的滞后，允许人口和资本超越它们最终可以维持的水平。超越的时期是资源的浪费，通常也降低环境的负荷能力，加剧人口和资本的最终下降。

来自负反馈回路停止而增长的压力，在人类社会的许多部分已经感觉到了。社会对这些压力的主要回答，已经指向负反馈回路本身。技术上的解决办法，例如第四章中所讨论过的那些办法，已经计划要削弱负反馈回路或者掩饰负反馈回路所产生的压力，以便能继续增长。这样一些办法在减轻由增长引起的压力方面可能有一些短期效果。但是，在长期趋势方面，它们并不能防止过头和随之而来的系统崩溃。

对于由增长造成的各种问题的另一种回答，是要削弱引起增长的正反馈回路。这样一种解决办法几乎从来没有被任何现代社会承认是合理的，而且当然也没有有效地实行过。这样一种解决办法包括什么政策呢？会产生什么样的世界呢？在历史上，这种方法几乎没有先例。因此，没有可供选择的方案，只能用模型，或者是精神模型，或者是形式上以书面模型，来讨论它。如果我们在模型中包含某些故意控制增长的政策，这个世界模型会怎样行动呢？这样一种政策变化会产生"更好的"行为方式吗？

当我们用"更好的"这样一些词，并在可供选择的模型输出中间选择的时候，我们作为实验者是在把我们自己的价值观和偏爱插入这种模型过程中，在我们可以起决定作用的范围内，构成这模型的每一个因果关系的价值，是

这个世界的实际起作用的价值。促使我们把计算机输出评定为"更好的"或者"更坏的"的价值观，是做模型的个人及其听众的价值观。我们通过拒绝过头和崩溃的模式，已经断定我们自己的价值观系统是不合乎需要的。现在，我们在寻求"更好的"结果，我们必须尽可能清楚地为这个系统确定我们的目的。我们在探讨一种模型输出，它代表一切的世界系统：

1. 可以维持没有突然的和不可控制的崩溃；
2. 可以满足全体人民的基本物质需要。

点评集萃

《增长的极限——罗马俱乐部关于人类困境的报告》对于每个想扭转环境恶化趋势，并建立一个安全的、可持续发展的未来的公民来说都是至关重要的工具。

——（美）《纽约时报》

《增长的极限——罗马俱乐部关于人类困境的报告》是一部最重要的大众环保著作，这本书是以科学的方式对待环境问题的最重要的著作。它是用模型方法看待全球环境资源问题的第一个重要尝试。

——加拿大环保主义者　斯科特·斯洛康布

《小的是美好的》

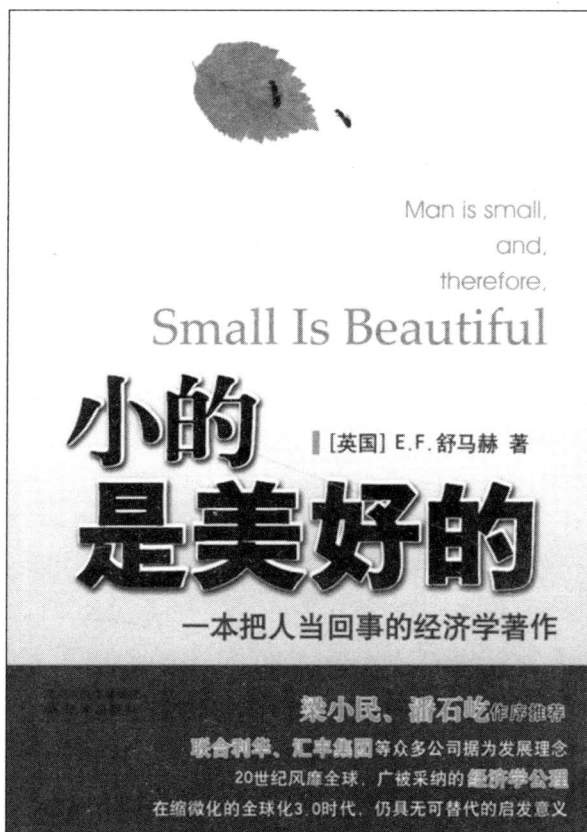

Man is small,
and,
therefore,
Small Is Beautiful

小的
是美好的
[英国] E.F. 舒马赫 著
一本把人当回事的经济学著作

梁小民、潘石屹作序推荐
联合利华、汇丰集团等众多公司据为发展理念
20世纪风靡全球，广被采纳的经济学公理
在缩微化的全球化3.0时代，仍具无可替代的启发意义

作　者：[英] E.F. 舒马赫
译　者：李华夏
出版社：译林出版社

作者简介

E. F. 舒马赫（1911～1977），英籍德国人，世界知名的经济学家、企业家，被尊称为"可持续发展的先知"。他一生阅历丰富，任过教，做过生意，当过记者，后来致力于经济学的研究。他对经济增长中出现的不良现象忧心忡忡，为此写出《小的是美好的》一书。

他的一篇名为《多边清算》的论文于 1943 年在《经济学家》杂志上发表。后来在布雷顿森林会议上，凯恩斯起草的多边清算方案"凯恩斯计划"中，全面采用了舒马赫的观点。

内容简介

《小的是美好的》于 1973 年问世，书中切中时弊和颇具争议的观点激起了读者的热烈反响，该书 6 年间再版 12 次，形成了广泛的影响。书中质疑西方经济目标是否值得向往，反对核能与化学农药，批评以经济增长作为衡量国家进步的标准。

全书分为四个部分：第一部分"现代世界"和第二部分"资源"，批评发达国家以工业化为中心的发展模式，对和平、土地的使用、核能对环境的影响等问题进行了详细的论述；第三部分"第三世界"和第四部分"组织与所有制"，对发展中国家的经济问题、社会问题、事业问题、社会制度进行了讨论，提出了发展中国家所应该选择的发展道路。

在舒马赫看来，西方世界引以为傲的经济结构，不外乎追求利润及进步，从而使人们日益专业化，使机构逐渐成为庞然大物，最后的结果只能是工作效率低下、环境污染、工作环境变得非人性。他因而提倡中间技术等基础观念，为经济学带来了全新的思考方向。

同时，本书展示了现代社会片面强调经济发展所导致的道德缺失、精神空虚、环境恶化、资源枯竭等问题。为解决种种弊端，作者提出了一个新观念——佛教经济学，即使人获得利用和发展才能的机会；使人通过与他人共同参加一项任务克服自私自利；生产恰当生存所必需的商品与劳务。他呼吁人们改变旧传统，接受新观念。他认为人们必须从规模、教育、土地、技术等方面加以全面改进，重新开始我们的新生活。

历史影响

《小的是美好的》被看做是经济学上一次颠覆性的论述。本书在30多年前就明确地提出了未来的发展模式和方向。而且第一次在学术界提出小企业是最具有经济活力的一部分，是一国经济不可或缺的重要组成部分，并提出要进行大众生产而不是大量生产的观念，其影响深远。

精彩书摘

天底下总有些事是我们为了这件事本身去做的，但也有一些事是我们另有所图而去做的，任何一个社会的最重要任务之一，就是区分目的以及达到目的的手段，并对此有若干认识及协议。这块土地究竟只是一个生产工具，或者不仅如此，它本身就是目的？而且我所说的"土地"包括了所有在这块土地上的生物。

换句话讲，所有事情都要看做的人当时是生产者还是消费者。如果是以生产者的身份享受头等待遇的旅行或使用豪华汽车，就会被认为是浪费金钱；但是如果同一个人摇身一变，以消费者的身份这么做，就会被称为是高水平生活的表现。

这种二分法再没有比在土地利用方面更明显的了。农民被看成仅仅是一个生产者，他必须采取可能的手段降低成本，提高效率，即使他因此破坏了（对于作为消费者的人来说）土壤的质量、风景的美丽，即使最终的结果是农村的人口减少与城市的过度拥挤。现在有些大型农场主、园艺家、食品制造商以及水果种植者，他们从未想过消费他们自己的任何产品。他们说"真幸运，我们有足够的钱买得起有机生长的不施农药的农产品"。当问他们自己为什么不坚持采取有机的方法，避免使用有毒物质时，他们回答说他们没有能力这样做。作为生产者的人有能力做到的是一回事；作为消费者的人有能力做到的完全是另外一回事。但是由于两者又是同一个人，于是人或者社会究竟有能力做到什么的问题就引起了无休止的混乱。

而这些结果都是因为作为一个生产者的人，承担不起"不经济行事的这种奢侈"，因而无法生产出像健康、美丽、持久之类的必须"奢侈品"——而这是作为消费者的人比起任何其他东西都更想要的。这种东西成本太高了，结果是我们越富有，就越"买不起"。

归根究底，研究小组的结论可直接从它所作的假设中导出……

人活着不能没有科技，一如人之不能违反自然而生存。但是最值得我们考虑的是科学研究的方向。我们不能把这个一脚踢给科学家去处理。就如爱因斯坦自己所说的，"几乎所有的科学家在经济上仰仗他人，"而且"有社会责任感的科学家数量是如此之少"。以至于不能由他们来决定研究方向。

…………

为什么发展不能是个创造的过程？为什么它不能被订制、购买、规划？为什么它必须是个渐进的过程？原因就在这里。教育并不会"跃进"，它是一个高度精细的渐进过程。组织也不会"跃进"，它必须逐渐演变以适应环境的变迁。纪律的情形也差不多。

如果援助是要引进某些新的经济活动，那么只有在它们能由大多数民众的现有教育水准可以支持的情况下，才对社会有益，也才能存活，而且也只有在援助能增进并推广教育、组织、纪律的更进一步发展时，它们才真正的有价值。这里也许会有个伸展的过程，但是绝对不会有一步登天的情况。如果引进的新经济活动要依赖特别的教育、特别的组织、特别的纪律，而这些都是接受援助的社会所没有的，那么这些活动就不会带来健康的发展，反而很可能会阻碍健康的发展。

点评集萃

我怀着无比虔诚的心情把《小的是美好的》推荐给那些乐于思考未来的

朋友们：无论是有权的、无权的人；无论是穷人、富人；无论是年老的、年轻的……这本书会给每个人以智慧的启发。

——SOHO中国有限公司董事长兼联席总裁　潘石屹

如果一本书出版30多年后还不断地有人在读，并从中获得启示，那么这本书一定是经典著作。《小的是美好的》就是这样的一本书。

——中国当代经济学家　梁小民

《小的是美好的》一书代表了经济学家的逆向思考，省思如何生活才是值得的与快乐的。

——中国台湾大学哲学系教授　傅佩荣

《多少算够

——消费社会与地球的未来》

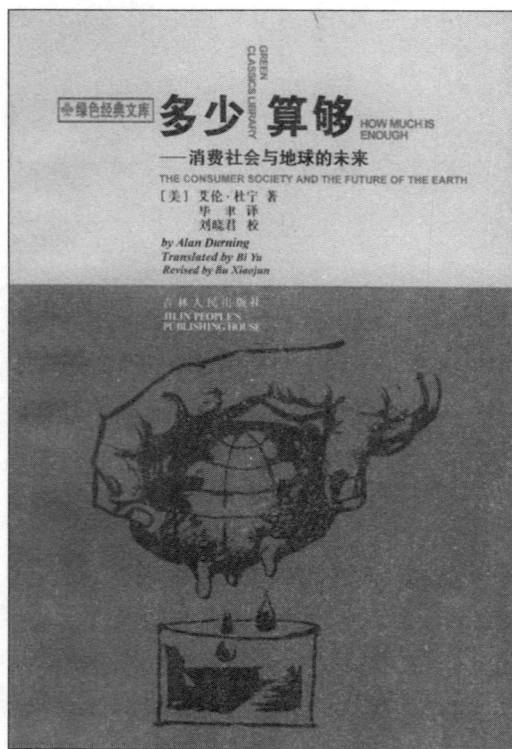

作　者：[美]艾伦·杜宁

译　者：毕聿

出版社：吉林人民出版社

作者简介

艾伦·西恩·杜宁，美国经济学家、纽约世界观察研究所资深研究员。他曾获得奥伯林学院哲学和环境政策硕士学位、奥伯林学院音乐学士学位。他的著作（或合著）有世界观察论文7篇，主要论及贫困、土著人、种族隔离、森林和动物农场的环境后果。《多少算够——消费社会与地球的未来》一书荣获纽约哈里·肖邦媒体奖，另外许多著作也曾获得伦敦有德消费奖。

艾伦·杜宁像

内容简介

《多少算够——消费社会与地球的未来》是纽约世界观察研究所编撰的"世界观察警钟"丛书的第二本。

全书分为："评价消费"、"寻求充裕"、"驯服消费主义"三个部分。作者首先对消费的回报提出了质疑，论述了消费与幸福的关系——在富裕和极端贫困的国家中得到的关于幸福水平的记录并没有什么差别。高收入者倾向于比中等收入者略幸福一点儿，低收入者倾向于最不幸福。任何国家的上等阶层都比下等阶层对他们的生活更满意，但是他们并不比更贫穷国家的上等阶层更满意。消费就是这样一个踏轮，每个人都用谁在前面和谁在后面来判断他们自己的位置。

接着作者论证说，消费主义的生活方式闪电般地遍布全球，仅仅一代人的时间，绝大多数人已经拥有了私家车、成为电视观众、变为受广告支配的消费者。消费者社会只是一个短暂的阶段——由于它和地球的未来可居住性的原因，我们必须认识到舒适的生活不可能由无限制增长的生活用品、食品、拥有物组成，这些事物超出了一定的界限，给人们带来的快乐会逐渐降低。另外，这种状况也反映了许多国家所陷入的衰退，民众生活不尽如人意，现在是走出消费误区、走向作者所说的持久文化运动的时候了。

持久文化就是一个量入为出的社会；是提取地球资源的利息而不是本金的社会；是在家庭、友谊和有意义的工作网中寻求充实的社会。作者说，消费主义让我们饕餮天物，却不能给我们以充实感和富足感，我们仍然是社会、心理和精神上的饥饿者。

地球上的资源是有限的，许多资源不可再生，所谓"取之不尽，用之不竭"的言论是荒诞不经的。消费越多，污染越多，对自然资源的攫取也会增多。过分贪婪的、无节制的、多少都不算多的消费，将会摧毁环境，浪费资源，用光用尽能源。本书揭示了消费主义与环境问题的内在联系，通过解释需求去打破这个恶性循环。作者指出，维系人类和自然的命运掌握在我们——消费者的手中，如果不重新调整我们消费主义的生活方式，那么地球离毁灭就不远了。

历史影响

人口的增长和技术对环境的影响已经引起了人们的注意，但是肆意消费却很少有人提及。如此贪婪的、无节制的、多少都不算多的消费，对环境将是毁灭性的打击，留给地球的只是更多的伤害。

《多少算够——消费社会与地球的未来》一书反省了人类的生活方式。人们只有重视消费、重新树立正确的消费观念，地球才能不受难，人类的路途才会越走越远。

精彩书摘

亚里士多德早在 2300 年前就写道："人类的贪婪是不能满足的。"它是指当一种要求被满足的时候，另一个新的要求又替代了它的位置。这句话成了经济学理论的第一格言，并为人类的很多经验所证实。公元前 1 世纪，罗马哲学家卢克莱修写道："我们已经失去了对橡树果的兴趣。我们也已经抛弃了那些铺着草、垫着树叶的床，于是穿兽皮已经不再时髦……昨天是皮衣，今天是紫衣和金衣——这些是用怨恨加重了使人类生活痛苦的华而不实的东西。"

将近 2000 年以后，列夫·托尔斯泰模仿卢克莱修的说法讲道："在从乞丐到百万富翁的男子当中寻找，1000 人中你也不会找到一个对自己的财产感到满足的人……今天我们必须买一件外衣和一双与之配套的鞋；明天，还得买一块手表和一条项链；后天，我们又必须在一所大公寓里安装一个沙发和一盏青铜灯；接着我们还必须有地毯和丝绒长袍；然后是一座房子、几匹马和马车、若干油画和装饰品。"

当代财富史的编史者们对此已达成了共识。几十年来，继承了一笔石油财产的刘易斯·拉帕姆，一直询问人们当他们拥有多少金钱时才感到高兴。他说："不论他们的收入怎样，许多美国人都认为他们能有两倍的钱，他们将得到独立宣言许诺给他们的幸福水平。年收入为 1.5 万美元的人确信如果他每年只要收入 3 万美元，就会解除忧虑。年收入为 100 万美元的人认为如果他每年收入 200 万一切就会更好了……"他总结说："没有人曾拥有足够的金钱。"

如果人类的需求实际上是可以无限扩张的，消费最终将不能得到满足——这是一个被经济理论忽略的逻辑结果。事实上，社会科学家已经发现了令人吃惊的迹象：高消费的社会，正如奢侈生活的个人一样，消费再多也不会得到满足。消费者社会的诱惑是强有力的，甚至是不可抗拒的，但它也是肤浅的。

…………

消费满足可通过攀比或胜过他人的方式实现，也可通过好于前一年来达到。这样，个人幸福更多的是提高消费的一个函数，而不是高消费本身的函数。斯坦福大学的经济学家蒂博尔·斯克托夫斯基证明，原因在于消费是上瘾的：每一件奢侈品很快就变成必需品，并且又要发现一个新的奢侈品。中国工厂的年轻工人把收音机换成黑白电视，一如德国的年轻经理把宝马汽车换成梅塞德斯一样真实。

在代际之间，奢侈品也变成了必需品，人们对照他们当年设立的标准来衡量现在的物质舒适程度，所以每一代人都需要比前人更多的东西才能得到满足。经过几代以后，这个过程就能把富裕重新定义为贫穷。美国和欧洲贫民窟拥有的像电视机之类的东西，可能会吓坏几个世纪前的最富有的邻居，但是这并没有减少消费者阶层对贫民区居民的蔑视，也没有减少现代穷人的艰辛感。

随着消费标准的不断提高，社会确确实实难以满足一个"体面的"生活标准的定义——在消费者社会处于良好地位的成员的生活必需品——无止境地向上移动。父母没有给他购买最新的电子游戏的儿童觉得不好意思邀请朋友到家里来玩；没有一辆汽车的少年会觉得和同龄人不平等。经济学家言简意赅地阐述道："需要是被社会定义的，并且是随着经济的增长而逐步提高的。"

消费和满足之间的关系是这样的，是涉及按时间进程来比较的社会标准。然而关于幸福的研究也同样是一个难以捉摸的事实，生活中幸福的主要决定因素与消费竟然没有关系。在这些因素中最显著的是对家庭生活的满足，尤其是婚姻，接下来是对工作的满足以及对发展潜能及闲暇和友谊的满足。

在决定幸福方面，这些因素都是比收入更重要的指标。伴随着讽刺性的结果，例如突然的发横财能使人痛苦；百万美元的中奖者通常孤立于他们的社会关系之外，失去了从前的工作赋予他们的生活整体性和意义，并且发现他们自己甚至与亲密的朋友和家庭也疏远了。类似地，斯克托夫斯基等精神分析学家认为，较高收入的人较幸福的主要原因是因为白领阶层的技巧性工作比蓝领阶层的机械性工作更有趣。经理、董事、工程师、顾问和其他的专家享有更多的挑战性和创造性的事务，因而比那些较低商业等级的人得到更多的精神回报。

点评集萃

艾伦·杜宁通过不同角度的展示，向我们指出走出消费误区、走向持久文化运动的途径。

——美国经济学家　艾斯·德格尔

《多少算够——消费社会与地球的未来》让我们重新审视现代的消费模式与地球的关系，加深对地球大环境的认识，无疑是大有裨益的。

——英国环境学家　约翰·布赫司尔

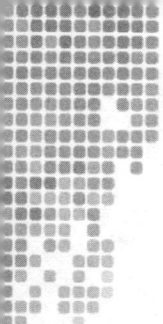

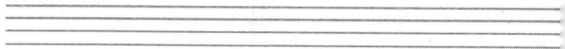

《大自然的权利》

作　者：[美] 纳什
译　者：杨通进
出版社：青岛出版社

作者简介

　　罗德里克·弗雷泽·纳什，是美国著名思想家、环境学家、历史学教授。他毕业于威斯康星大学，获博士学位，是研究环境思想史和环境主义运动史的资深学者。

　　20世纪60年代初，纳什在威斯康星大学档案馆收集整理关于奥尔多·利奥波德的论文时，对环境伦理学产生了极大的兴趣。后来，就从事环境伦理学的研究，著有《荒野与美国人的心灵》、《大自然的权利》、《美国的环境：资源保护主义史读本》等。

内容简介

　　20世纪是一个发展与破坏、繁荣与贫困共存的世纪。飞速发展的科技所取得的伟大成就和带来的严重后果，使人类日益感觉到自身的强大和改造自然方面所蕴涵的无穷无尽的力量。与此同时，人类逐渐认识到自身脆弱的一面和自然环境之间密不可分的关系。随着科学技术的进步和社会生产力的发展，人与自然的关系发生了根本性的变化。人口剧增、物种灭绝、能源短缺、大气污染、温室效应等危机的出现，表明人类的不合理活动正在使生态环境遭受致命的打击，同时也把人类置于危险的生存境地。基于这样的大背景，环境伦理学作为生物学和哲学的交叉学科，在20世纪逐渐成熟和发展起来了。

　　《大自然的权利》一书正是在这样的背景下问世的。本书被公认为全面和详细介绍生态哲学和环境伦理学发展史的开山之作。全书共分为六章：第一章追溯了环境伦理思想与天赋权利之间的关系，介绍了西方17～19世纪的环境伦理思想以及保护动物的仁慈主义运动。第二章探讨了19世纪后期至20世纪初期美国的环境伦理思想。第三章介绍了现代环境伦理学的产生及其发展过程。重点阐述了环境伦理学的创始人阿尔伯特·施韦泽和奥尔多·利奥波德的环境伦理思想，以及后人对他们的思想的传播和发展。第四章论述了西方宗教的环境伦理思想，主要探讨了历史学家林恩·怀特的思想，以及基督教的"绿色化"趋势。第五章介绍了 20 世纪 70 年代以来的环境伦理思想，说明了环境伦理学的"前卫"特征。第六章介绍了当代环境主义运动，以及这一运动对于人们的价值观念、社会生活、政治法律制度和经济秩序的冲击和影响。最后，作者在"跋"中说明了环境主义与废奴主义之间的相似性与合理性，指出了环境主义运动的光明前景。

值得一提的是，《大自然的权利》所追述的"新环境主义"认为，"在哲学和法律的特定意义上，大自然或其中的一部分具有人类应予以尊重的内在价值。"作者区分并命名了两种看似相像其实完全不同的生态保护观念：人类中心主义的生态观和环境中心主义的生态观。面对残酷对待野生动物的事实，第一种生态观认为这样做有害于人类；第二种生态观认为它的错误在于侵害了动物的权利。第一种生态观从人类的长远利益出发，认为人们有权享有一个健康的生态系统，认为保护大自然是正确的；而第二种生态观则从动物、植物的角度出发，认为生态系统本身拥有存在的权利，人类没有理由和资格滥用自然。循着这两种生态观历史演绎的线索，尤其是生态中心主义发展的历史脉络，作者梳理了近现代西方思想史，认为以确立"大自然也具有天赋权利"为特征的当代环境伦理思想是西方自由主义思想传统的最新发展和逻辑的延伸。至真哲理，发人深省。

历史影响

纳什通过《大自然的权利》提出了这样一个观念：人与人之间应当建立一种平等的伦理关系；而人与自然之间也应建立一种合理的伦理关系。人在地球上是一个独特的存在物，人生活在自然中，与动物、植物、生态系统、大地等等都是平等的，人所享有的不仅是掠夺的权利，而且是保护的义务。

自然的绿色是希望之色，也是生命之色。护住这绿色既需要全新的价值观，更需要坚强的勇气和积极的行动。

精彩书摘

在近代早期，关于道德能在多大程度上应用于大自然的讨论是围绕着动物活体解剖实验问题展开的。从其最坏的方面讲，这种实验是直接切割那些被活活捆绑在案板上未经麻醉的动物。由于医学产生于17世纪，因此它对身体功能的研究依赖于对动物的活体解剖实验。但是，这种实验遭到了早期仁慈主义者（humanist）的严厉谴责。而活体解剖者则转向勒内·笛卡儿（1596～1650），用他的理论来证明其实验方法的合理性。作为一名备受称赞的数学家、生物学家和心理学家，笛卡儿提出了一种认为伦理学与"人—自然关系"无关的哲学思想。在笛卡儿看来，动物是无感觉、无理性的机器。它们像钟那样运动，但感觉不到痛苦。由于没有心灵，动物不可能受到伤害，它们感受不到痛苦。用笛卡儿的话来说，它们没有意识。相反，人具有灵魂和心灵。事实上，思想决定着人的机体。"我思故我在"是笛卡儿的基本原则。这种把人与自然分离开来的二元论，证明了活体解剖动物和人对环境所有行为的合理性。笛卡儿坚信，人类是"大自然的主人和拥有者"，非人类世界成了一个"事物"。笛卡儿认为，这种把大自然客体化的做法是科学和文明进步的一个重要前提。

但是，在西方思想的大潮中，也存在着另一股对这种人类中心主义进行挑战的涓涓细流，它的部分源头活水是希腊—罗马的这样一种传统观念：动物是自然状态的组成部分和自然法的主体。尽管基督教削弱了广延共同体的理想，但动物法的原则在欧洲思想中却生生不息。许多残缺的有趣证据表明，在中世纪法庭经常对那些（例如）夺人性命的动物进行刑事审判。这种做法使得20世纪70年代的下述观点显得并非如它看起来的那么新颖：树木与其他自然客体在法律面前应当拥有相同的地位。

有趣的是，尊重非人类存在物的权利、或人类对它们至少有责任的第一个法律出现于马萨诸塞湾一带的殖民地。《自由法典》于1641年被州议会接受，它的作者是纳萨尼尔·华德（N. Ward，1578～1652）。作为一名律师和后来的部长，华德于1634年来到新英格兰，定居于伊普斯维奇（Ipswich）。应法庭要求，华德编辑了殖民地各州的第一部法律汇编。华德在《惯例》（他使用这一词的含义即权利）这一栏的第 92 条列举了这样一个规定："对那些通常对人有用的动物，任何人不得行使专制或酷刑。"第 93 条《惯例》要求那些"用牛拉车或耕种"的人要定期地让它们休养生息。很明显，这还是一种十足的功利主义观点——只有家畜得到保护。但是，在 1641 年，当笛卡儿的影响在欧洲正值高峰时，这位新英格兰人能够第一个站出来维护"动物并非毫无感觉的机器"的观点，可谓意义深远。而且，"专制"一词的使用似乎隐含着这样一种观念：在动物法传统中，非人类存在物也拥有天赋权利或自由。或许，在荒野中创造一个新社会的任务使得清教徒的心灵更容易接受一种宽广的伦理原则，这种伦理原则产生于一种与他们所征服的荒野相似的自然状态。

约翰·洛克所关心的主要问题不是如何对待动物，而是财产在他的哲学中，动物能够被人拥有这一事实使得动物也获得了某些权利。当然，动物的这些权利源于其拥有者（而非动物本身）的权利，而且与人的利益有关。与笛卡儿相反，洛克在《关于教育的几点思考》（1693）中指出，动物能够感受到痛苦，能被伤害。毫无疑问，对动物的这种伤害在道德上也是错误的。但是，这种错误不是源于动物的天赋权利，而是源于对动物的残忍给人类带来的影响。洛克写道，"许多儿童折磨并粗暴地对待那些落入他们手中的小鸟、蝴蝶或其他这类可怜动物"。洛克认为，这种行为应被制止并予以纠正，因为它"将逐渐地使他们的心甚至在对人时也变得狠起来。"洛克接着又说，"那些在低等动物的痛苦和毁灭中寻求乐趣的人……将会对他们自己的同胞也缺乏怜悯心和仁爱心。"洛克赞扬了他所熟悉的一位母亲。她教育她的孩子以一种负责任的态度对待他们的"小狗、松鼠、小鸟"和其他宠物的福利。他认为这些儿童在朝着变成一个有责任感的社会成员的方向发展。在 1693 年的论文中，洛克超越了那种狭隘的功利观点并提出自己的认识：人们不仅要善待以往那些被人拥有且有用的动物，而且还要善待松鼠、小鸟、昆虫，事实上是"所有活着的动物"。

点评集萃

《大自然的权利》一书所传达的信息深刻、紧迫，而且与每个人息息相关，是一本人人必读之书。

——加拿大生物学家　安东尼·格里菲斯

《大自然的权利》不是一部耸人听闻的天书，而是一部人类历史进程的真实记录。

——德国环境学家　阿斯特·伊夫迪克

《超越增长：可持续发展的经济学》

Beyond Growth
The economics of sustainable development

[美]赫尔曼·E.戴利 著

Herman E. Daly

诸云泽 胡圣 等译

超越增长
可持续发展的经济学

上海世纪出版集团

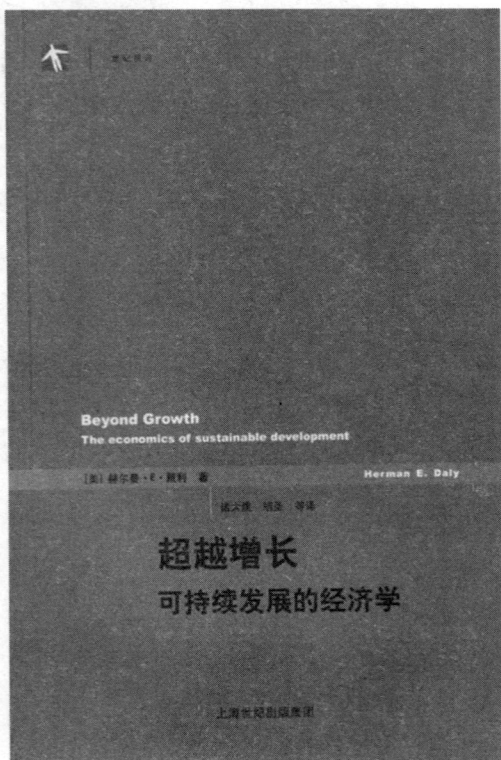

作　者：[美]赫尔曼·E.戴利

译　者：诸大建　胡圣

出版社：上海世纪出版集团

作者简介

　　赫尔曼·E. 戴利（1938~　），美国著名的生态经济学家，研究环境经济与可持续发展的专家，国际生态经济学学会的主要创建者之一。其著作颇丰，主要作品有《静态经济学》、《经济学、生态学、伦理学》、《超越增长：可持续发展的经济学》等。另外，他还在学术期刊和杂志上发表过 100 多篇论文。

赫尔曼·E. 戴利像

内容简介

　　《超越增长：可持续发展的经济学》一书出版于 1996 年，20 世纪 90 年代以来在环境与发展领域发挥着相当重要的作用。

　　在本书中，戴利所阐发的可持续发展的中心理念包括以下几个方面：

　　首先，关于可持续发展的革命意义。戴利把可持续发展看作是对传统经济学具有变革作用的革命性科学来认识和架构的。在这一点上，他与那些坚持把可持续发展看做是传统发展观的学者，有了根本的区别。他强调，"增长"是一种物理上的数量性扩展，而"发展"是一种质量上、功能上的改善，而可持续发展就是一种超越增长的发展。强调可持续发展，就需要对当前的以数量为中心的发展观进行清理，建立以福利为中心的质量性发展观。

　　其次，将"经济是生态的子系统"作为发展观的核心理念。传统发展观的根本错误在于认为经济是孤立的系统，可以无限制增长。而可持续发展强调经济只是外部有限生态系统的子系统，其增长不是无限的。随着经济子系统的增长，当整个生态系统从"空的世界"变为"满的世界"时，当自然资本替代人造资本成为稀缺的限制性因素时，经济子系统就要从数量性增长转

为质量性发展。因此，戴利认为经济成熟的北方发达国家首先应为可持续发展做出改进。

再次，可持续发展是生态、社会、经济这三个方面的优化集成。我们应该为足够的人均福利而努力奋斗，使能获得这种生活的人数随着时间的延续达到最大化。值得强调的是，可持续发展要求生态规模上的足够、社会分配上的公平、经济配置上的效率同时起作用。但现状是：一些人的生活超过了足够；另一些人的生活则远远低于足够。

最后，关于可持续发展的操作意义。要使世界走向可持续发展，必须进行政策调整。可以从这几方面入手：停止当前把自然资本消耗计算作为收入的做法；对劳动及其所得应该少征税，而对资源流量应该多征税；从强调劳动生产率转向强调资源生产率；应该以国内市场为首选发展国内生产，只有在明显高效率的情况下才能让资源参与国际贸易。

在本书中，作者建立了一种与传统经济学和传统发展观不同的新理论框架，对国民账户、国际贸易、贫穷、人口、宗教、伦理等问题进行了一系列的再思考。本书是戴利对环境、经济和可持续发展的理论、政策研究的集大成著作。

历史影响

戴利在《超越增长：可持续发展的经济学》一书中阐述保持可持续发展思想的同时，提出了政策性的建议。在这方面，本书所具有的系统性、深刻性、革命性是其他著作所无法与之匹敌的。因而，学术界普遍认为戴利是对传统经济学发起"哥白尼式革命"的最卓越的倡导者。

本书被译成多种文字出版，自出版以来就深受读者的重视，被看做是每一个关心可持续发展的人的必读之作。此外，本书对于读者理解"什么是真正的可持续发展"有极大的帮助。

环境保护主义者和可持续发展的倡导者真正必须面对的是，有关为什么他们的努力最终讲得通的深刻的哲学和宗教问题。不管是关于"盖亚"的含混的泛神论的感伤，还是像"biophilia"（热爱生命的天性）这样的特设的意愿的发明，都不能承受猛烈的哲学批评，但是它们是离开纯粹的科学唯物主义的值得欢迎的第一步。我发现受到怀特海影响的像 B. 科布、霍特和查尔斯·伯奇这样的少数宗教思想家的思考，在足够地热爱自然以便为拯救它而斗争方面，比科学唯物主义和传统神学提供了远为牢固的基础。许多其他的宗教与基督教一起相信创世的神学（不同于知识界的"科学创世论"），因此"biophilia"这类用作说服性美德而不是机械性本能的东西被证实有广泛的宗教基础。所有的传统宗教都是同样的现代盲目崇拜的敌人，这种盲目崇拜认为偶然发生的借助于以科学和技术为基础的经济增长的人类是真正的创造者，而自然世界只是一个无目的的物种在任意的工程中所使用的工具性的偶然的物质堆积。如果我们不能提出比这个更内在和谐的宇宙学，那么我们不妨还是把仓库关掉。大家都去垂钓，至少在鱼还存在的时候。

"规模"这一术语是"人口乘以人均资源使用量而得出的生态系统中人类生存的物理规模或尺寸"的缩写。经济中既定资源流程的最佳配置是一回事（一个微观经济问题），而整个经济相对于生态系统的最佳规模则又是另外一个完全不同的问题了（一个宏观问题）。微观的配置问题类似于将既定重量最合理地分配在一条船上。尽管重量被合理地分配了，但仍存在船究竟可以承受多大净重的问题。这一绝对最佳载重量在海事制度中被称为装载线（Plimsoll line）。当水位标志达到装载线时船就达到了安全承重能力的极限；当然若重量分配不当，水位线就会提前达到装载线。当然，即使重量被合理分配，但当净负重增加时，水位标志最终仍将达到装载线。如果载重过大，以最佳方式分配重量的船也仍将沉没！应当弄清最佳配置与最佳规模是两个不同的问题。宏观环境经济学的主要任务是设计出一个与装载线相类似的制度，用以确定重量即经济的绝对规模，使经济之船不在生物圈中

沉没。

市场，当然是在经济子系统中运作的，它在其中只做了一件事——通过提供必要的信息和动力刺激来解决配置的问题。虽然市场在解决配置问题上做得很好，但它并未解决最佳规模和最佳分配的问题。人们普遍承认市场是无法解决公平分配问题的，但对于市场无法解决最佳规模或可持续发展的规模这一问题却未得到一致认可。

不承认规模问题与配置问题的独立性会造成混乱，下面的困境就是一个例子。高贴现率和低贴现率哪一个给环境造成的压力更大？一个通常的回答是高贴现率会造成更大压力。因为它加快了不可更新资源的耗尽速度，同时缩短了开发可更新资源的闲置期并减少了周转量。它虽然大大改变了资本和劳动对开发自然资源项目的配置情况，但却限制了项目的数量。低贴现率在鼓励减少每一项目利用资本的同时却增加了项目的数量。高贴现率的配置效果是为提高产量，但它的规模效应却是在降低产量。尽管有人认为经过很长的一段时间规模效应会占主导地位，但哪一个更好是很难说清的。解决这一困境的方法是要意识到：对待这两个独立的政策目标需要两种独立的政策工具。我们不能采用单独贴现率的政策手段来同时解决最佳规模和最佳配置这两个不同的问题（丁伯根，1952）。贴现率应该能用于解决分配问题，但规模问题的解决则要靠一种目前还未存在的政策手段来解决，现在我们不妨把它称之为"经济的装载线"（Economic Plimsoll line），它能限制经济产量的规模。

　　　　　　…………

总之，由于自然资本已经代替人造资本成为限制性要素了，因此我们应该采取政策最大限度地提高它现在的生产率和它未来的供应量。这一结论并非不重要或者不相关的，因为它意味着最大限度地提高人造资本的生产率和累积的现行政策已不再是"经济的"，即便是在传统意义上。另外，希克斯关于收入的定义也加上了资本保持不动的条件。如果自然资本是限制性要素，那么测量收入的适当方法就要求优先考虑保持自然资本。

点评集萃

《超越增长：可持续发展的经济学》不仅是一部经典的经济学专著，同时也是一部环保的倡议书。

——（美）《自然主义者书架》

人类用经济的发展来衡量一切。我无法想象，在经济发展的基础（承载万物的地球）坍塌之后，还能用什么来发展经济。

——英国环境学家　艾斯特·西米尔

在你只是追求可持续发展的间隙，不妨听听赫尔曼·E.戴利的见解，阅览一下他的《超越增长：可持续发展的经济学》一书中的细致论述。

——德国经济学家　福斯特·思格尔曼

《蓝色的星球

——人与生态》

作　者：[德] 约瑟夫·哈·赖希霍尔夫

译　者：张建欣　刘疆鹰

出版社：百家出版社

作者简介

约瑟夫·哈·赖希霍尔夫，20世纪德国科学家。1945年出生于艾根，他是慕尼黑国家动物博物馆的科学家，此外还是德国"世界自然基金组织"（WWF）的常务理事。他主要从事进化生物学、动物地理学、生态学的教学活动。著述甚多，除本书外，还著有《人类形成之谜》、《热带雨林》、《创造性冲动》、《移动的成功原则》、《海狸的归来》等作品。

内容简介

生态系统为了维系自身的稳定，需要不断地输入能量，同时许多基础物质在生态系统中不断循环。随着社会的发展、生产力水平的不断提高，人类活动对生态系统的干扰也日益增强，在破坏与保护、生命与金钱的交织中，人类逐渐意识到了生态系统的真正价值，开始关注生态系统的现状——人类的终极命运。

在《蓝色的星球——人与生态》一开始，作者以"高压线上的鹰"为题，寓意物种灭绝、生态保护的紧迫性，巧妙地从现实中的"生态政党"谈起，结合东部民主德国和西部联邦德国分裂40年产生的不同生态状态，把"生态学"这一以往被（错误地）冠以意识形态色彩的口号式概念，重新引回到自然科学基础上来。在"聚焦自然平衡"中，作者运用给人深刻印象的例子清楚地阐明了食物链、物质代谢系统、种群共同体和物种多样性之间的关系，阐明了该系统对于外界作用的敏感反应。接着，作者重点讲解生态学基础性、关键性的知识和理论等，为我们揭示了自然保护和环境保护的历史沿革以及真正的含义——认清自然运行规律。作者将人与生态的关系做了重点阐释，让人类在对生态环境状况的认知上，应用其进行预测，使对自然的适用低于可用生活条件的临界值，并指出生态环境保护不可动摇的相互关联性。作者号召人们重新思考人类的生存环境，反思人类的活动，以达到可持续发展的目标。

全书语言通俗易懂，结构布局合理，书中没有乏味的说教，堪称一部科普佳作。

历史影响

《蓝色的星球——人与生态》将人类与生态环境的关系，人类活动对自然的影响淋漓尽致地展现于读者面前，将人们忽视了的环境问题提上"日程"，为人类的环保事业做了宣讲。如今，许多人对生态问题有了更深入的见解，越来越多的人投入到环保事业的浪潮中。

精彩书摘

德国统一时，东部的生态水平远远低于西部地区。在东部，生态学基本上只是作为一门学科而存在，环保措施亟待实施；而在西部，很多地区早已是水净气清了。在东部地区，开采后的露天矿场和大型练兵场遗留下"月球表面式"地带，这是西部人所难以想象的，这些破坏地表生态的项目在西部更不会得到批准并实施。在东部，大片地区的空气恶臭，呛人的浓烟从工厂的烟囱中滚滚涌出，河面上泡沫山浮动，一大堆化学品不可思议地堆置于街边路旁，直至瘴气四逸。屠宰场的垃圾也如此堆放，或经溶解稀释后随废水排入大的池塘，广阔的田地一望无际。而负责其管理工作的生产合作社同时也饲养着成群的猪牛，至于这种做法所产生的废物和废水的处理和处置，他们则漠不关心。面临这种状况，西部人——这些对于自然保护、环境保护耳熟能详的西部人，这些推崇社会生态化的西部来访者，又怎能理解他们同样也是在东部看到的另一番情形：在这里生活着西部早已绝迹的动物，它们在东部不但幸存了下来，而且为数还不少。

虽然按照西部的标准，易北河和穆耳德河早就应该作为"特种垃圾"加以治理。而令人不解的是就是在这儿，海狸嬉戏游玩，水獭屡见不鲜，鹳鸟，甚至比较少见的黑鹳大量地出现。对于热爱大自然的人来说，当时出现的总计达 300 多对的白尾海雕和鱼鹰的雏鸟，一定是件最动人心魄、令人难以忘记的事。因为当时，即两德统一之时，在前联邦德国境内，这种白尾海雕仅存五六对雏鸟，且均聚集于东北部、临近两德边界的地区，而鱼鹰则无一幸存。如今，人们终于可以靠近环境幽美、保护完好的米里茨湖地区，在国家公园一睹鱼鹰的风采。

只见一只鱼鹰不知何处飞来，衔鱼于口中，径直向一根高大的高压电线杆飞去。这些电线杆机械地、极具规律地排列着，绵延在这片没有树木、没有灌木的农业生产合作社麾下的开阔地带。那只鱼鹰飞上的那根电线杆离街道不远，上面像其他诸多电线杆上一样筑有鹰巢，鱼鹰飞上去，收稳脚步，将战利品喂给小鹰吃。有那么

易北河风光

多树木环抱着米里茨湖，此外还有一片古老、高耸的森林，而鱼鹰配偶却把鹰巢移筑在电线杆上，一如 150 多对它们的同类。据我们所知，这种趋势仍在继续，鱼鹰对电线杆似乎颇为满意。是啊！电线杆最起码有一点好处，当风暴肆虐，间或过于频繁地席卷低原地带时，它们不会如树木一样"摇摇欲坠"。此外，也不会有人想爬上电线杆看看鱼鹰的窝到底怎样。当然，这并不是这些大型鹰科动物对电线杆情有独钟的最主要原因。

距此几公里有一个大水塘，在那儿发生的也同样给人以深刻的印象。一群白尾海雕，从羽毛很容易看出是一群刚刚出生的幼雕，正在练习捕食鲤鱼。多只幼雕一起演练技艺，还时不时地相互争抢到手的战利品。在这栗色的塘水中，我们的目光要透过水面辨析出下面的鲤鱼是非常困难的，但可以肯定的是，一定有许多条鲤鱼，因为可以看到它们的背脊划过水面时泛起的一列列水纹。12 只或者更多的白尾海雕聚集在一起。忽然，一只白尾亮头的老雕飞来，迅速地啄起一条鱼，然后掠过近处的湖湾，向自己的雕巢飞去。有哪

一个地方可以在半个小时之内看到十多只的白尾海雕呢？观察者很快也会对鹤类在此的频繁掠过而见惯不怪，因为岸上聚集着众多的鸟类和昆虫，而且它们的鸣叫、叮咬各具特色。面对诸多的鸟和虫，鹞和鹰当然也不再以之为奇，因为在距柏林驱车只有一个小时的地方，在一天内看到十种甚至更多的鹰科动物是司空见惯的事。

若我们的视野更加开阔，则难以置信的一切便会一目了然：40年来，两德间的"钢铁防线"不仅是不同政治体系的分界线，同时也对自然界进行了分割。在东部，环境保护如此不受重视，人们对大自然似乎也是如此不予眷顾，而各个物种却幸运地生存了下来。有很多物种，其中大多是一些大型的兽禽，如熊、狼、猞猁、海狸以及白尾海雕、鱼鹰、鹤和鸨等在东部能够繁衍存活；而在西部却越来越罕见，甚至绝迹。在东部，彩蝶翩翩起舞，百花争奇斗艳，蛙鸣声不绝于耳；而在西部，人们越是致力于自然保护，就越是有更多的物种被列入"濒危物种名单"，就连蝴蝶的踪迹也难寻觅了，物种的单调和匮乏已成了西部生态状况的最显著特征。

点评集萃

《蓝色的星球——人与生态》是环保领域书海中的航标，它将导引我们直接领略人类与生态环境的神秘境地。

——（美）《环境主义者书架》

阅读《蓝色的星球——人与生态》，我们会发现书中的自然状况与我们所想象的是如此的不同。

——法国生物学家　艾伦·艾拉·杜吉斯

只有了解了环境的现状，我们才能更好地对自然环境加以保护。本书是人类认知生态环境的开端。

——德国环境学家　科尔·梅斯库多

《自然不可改良》

自然与人的关系究竟是怎样的？自然是一种生命的存在吗？技术至上主义带给人类的是福音还是灾难？我们的绿色家园如今在哪里？本书带给你的不仅是一个环保主义者实践层面的经验叙述，更是一个哲人对自然和生命的深深思考与追问，他希望，人，能诗意地栖居，他倡导——绿色哲学。

作　者：[巴西] 何塞·卢岑贝格

译　者：黄凤祝

出版社：生活·读书·新知三联书店

作者简介

何塞·卢岑贝格，巴西农业化学专家、生态学家，环保运动的奠基人，曾任巴西环保部长。1926 年出生，先后在巴西和美国学习土壤学和农业化学，1957 年获得农业硕士学位。在多年的工作接触中，他逐渐关注农药对自然产生的不利影响，最终由肥料经纪人转变为环保主义者，他的著作和言论为人类的环保事业增添了一份力量。1988 年，因其在拯救热带雨林斗争中所做出的突出贡献，被授予诺贝尔特别奖（生存权利奖）。

内容简介

《自然不可改良》一书是写给地球村每一位居民的醒世之作。全书共分为"一个'肥料经纪人'的自述"、"为无毒农业辩护——与其消灭害虫，不如促进植物的健康生长"、"盈利取代支出——生态学与社会正义"、"知识和智慧必须重新获得统一"四章。卢岑贝格以知识分子的良知关注大自然的生态问题，不是局限于单纯的环保问题，而是将环保置于整个社会发展的大背景中，对于人与自然的关系、科学技术的发展、现代工业社会的走向、社会正义和生态学的关系、贫困与进步，以及现代教育等诸多领域都进行了深刻的探讨。

起初，卢岑贝格从事的是肥料方面的工作，在工作中他仔细观察和研究农药对于农作物以及土壤的影响，最终对农药彻底失去了信心。他开始反对使用除草剂、杀虫剂等有毒农药，同时对于农业中的害虫病成因予以潜心研究。经过多年的观察试验，他终于发现：植物对于害虫抵抗力的强弱，取决于植物自身物质交换是否保持了平衡状态——植物只有在自身养分失衡时才会遭受虫害的侵袭。而撒有毒农药，虽在短时间内可杀死害虫，但彻底破坏了农作物自身物质交换的平衡状态，随之引发的害虫病的机会也会大大增加。结果是，只能引发恶性循环——生产的农药药性越来越毒，害虫的抗药性也越来越强。因此，我们必须给植物和动物提供理想的生长与发展的条件。

作者为无毒农业辩护，提倡"与其消灭害虫，不如促进植物的健康生长"。建议发展可再生农业，循环利用废料，发展一种自然与人类协调的经济是完全可能的。另外，作者认为，"现代农业相对减轻了人们的劳动强度，但是人们同时也付出了更多的经济代价"。现代农业片面追求规模化和产业化，终将使"我们古老农业中多种多样的生物物种最终消失殆尽"。作者呼吁："我们必须重建一个健康的农业经济，收获更为洁净和丰富的食品。"

本书所提出的自然不可改良的"绿色哲学"发人深省，而他对科学和技术的反思和质疑、对自然现状的焦虑，不仅体现了他作为一位环保主义者对人类可持续发展事业的坚持，也体现了一个知识分子对现代工业社会何去何从的博大关怀。

历史影响

《自然不可改良》对自然和生命进行了深深的思考与追问。以往有太多的经验和教训，但绝大多数人却始终对此视而不见。本书的目的是启示和帮助人们共同实现最重要的目标——拯救地球。卢岑贝格在本书中为我们提供了许多好的经验和建议。

卢岑贝格强调，如果人类要想继续生存下去，就必须转变固有的观念，并把我们所居住的地球视为一个有生命的行星。本书带给读者的不仅是一个环保主义者实践层面的经验叙述，更是一个哲人的殷切希望。

精彩书摘

现代农业理念直接导致了农业生产中有毒农药的泛滥。它所依存的是一个独特的信条。这一信条坚信：只有运用化学方法对抗农作物的各种各样的"敌人"，才有可能实现最为高效经济的农业生产。惟其如此，我们才可以养

活生活在这颗行星上的几十亿人口。这显然是一个无稽之谈，毒药与食物之间并不存在必然联系，其相互依赖又何从谈起。

所有的有害生物，不管是昆虫、飞蛾、线虫、真菌、细菌还是病毒，无一例外都被描述成肆意专横、情绪暴躁的敌人。基于这个原因甚至建立了通讯联络勤务，以便及时向农民通报预警大批害虫的入侵。人们还专门为此制作了喷洒农药的日历，建议定期施洒农药，预防可能发生的一切虫害，而不是等到虫害发生时再采取措施。害虫一旦来袭，就会直接堕入浸在毒剂中的农田里。

但是害虫并不是肆意胡为的敌人。果真如此，那么在我们这个美丽的星球上，生命也许早就消亡了。事实上，也不存在一个物种，没有自己的寄生生物和掠夺者。蚜虫出现在地球上已经有三亿年了。如果它们把其赖以生存的宿主植物消灭净尽，那么它们自身也会随之消亡。事实上，蚜虫也有自己的天敌，但是这一点却始终没有得到充分的阐释与关注。深入观察自然的人不难发现这样一个有趣的现象：有时即使在食蚜虫、瓢虫等天敌在场的情况下，蚜虫虫害也依旧会大面积蔓延；有些时候，尽管天敌缺阵，蚜虫虫害却会突然衰退下去。其他诸如真菌、细菌或者病毒类的疾病也会在短时间内，在一种或同类植物上爆发或消亡。

害虫并不总是喜欢恶作剧，或者一味地令人琢磨不透。在某种意义上，我们也许应该把它们看做是标示植物生长状况良好与否的指示剂。在这一游戏中还有另外一个十分重要的因素。在生态农业中人们常常会观察到这样的现象：采用有机肥耕作的马铃薯田往往可以免于马铃薯瓢虫的侵袭，尽管就在不远处，瓢虫正在那些采用通常化学物进行耕作管理的马铃薯田里大逞威风，农民不得不使用杀虫剂来对抗肆虐的虫害。

在法国波尔多农业试验中心从事研究工作的法国生物学家弗朗西斯·沙波索，经过多年的观察与试验发现：植物对于害虫抵抗力的强弱，取决于植物自身物质交换是否保持了平衡状态。植物只有在自身养分失衡时才会遭受虫害。在此基础上他提出了"取食共生的理论"，即所谓的营养生物学。这一观点及其大量的实验成果，都在他的著作《植物健康和损害》中得到了充分的表述。

点评集萃

　　人类的科技发明取得了多大的赞誉，地球就受到了多深的伤害。人类的一切罪证都可以在《自然不可改良》中得到求证。

——英国生物科学家　威廉·乔纳米德

　　《自然不可改良》对农药的"威力"做了透彻的分析和讲解，尤为重要的是，它成了可持续发展的路标。

——德国环境学家　奥尔加·比福尔

《巨　变》

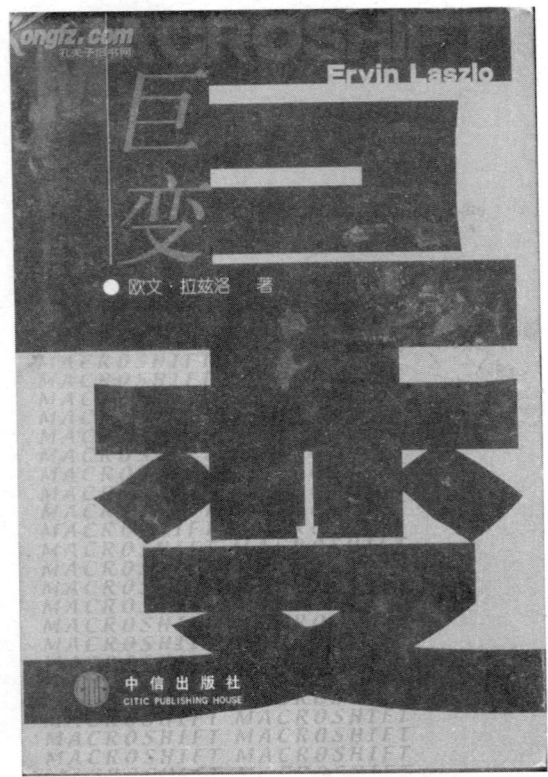

作　者：［匈牙利］欧文·拉兹洛

译　者：杜默

出版社：中信出版社

作者简介

　　欧文·拉兹洛，匈牙利哲学家，世界一流学者，联合国教科文组织科学顾问，现任布达佩斯俱乐部基金会和国际布达佩斯俱乐部主席、广义进化论研究会创始人和会长。他曾被评为致力于拯救地球的六位科学家之一。

　　拉兹洛起初学习音乐，取得了不菲的成绩。随后移居美国，经常在全球做呼吁和平的巡回演出，因此对许多国家的现实状况及其文化有广泛的了解，并对全球问题产生了兴趣。他27岁转向哲学，获得法国索邦（巴黎）大学哲学博士。

　　拉兹洛撰写和编辑了70多本书，如《系统哲学引论》、《巨变》、《人类的目标》、《人类的内在限度》、《多种文化的星球》、《世界未来》等。并发表了数百篇研究论文，如《决定命运的选择》、《第三个1000年：挑战和前景》等。

内容简介

　　2001年10月，在法兰克福国际图书展览会上，《巨变》这本书成为一个亮点，各国出版商竞相争购版权。中信出版社购得中文简体字版权，并于2002年2月推出了这部著作。这是一本值得我们认真阅读和高度重视的关于全球问题的书。

　　"全球问题"是罗马俱乐部从20世纪70年代起陆续发表的十几份报告中提出来的，其含义是：随着世界纷纷走上工业化和现代化的道路，在各国经济不断增长和人民生活水平不断提高的同时，出现了人口爆炸、资源短缺、环境污染三个负面效应，如果不加控制的话，它们会造成全球性的灾变，直接威胁人类的生存。遗憾的是，罗马俱乐部的报告并没有提出解决全球问题和避免灾变的办法。

　　随后，拉兹洛被遴选为罗马俱乐部成员，他用系统科学和系统哲学研究全球问题，撰写了《人类的目标》。之后，他突然醒悟：人类赖以生存的地球作为一颗行星的外在极限均是一些常数，难以改变，人类所面临的危机过错不在地球，而在人类自身。因此，他转向对西方文化和价值做批判性反思，把全球问题的研究引向深入，引向对构成西方工业文明的基础的思维方式、价值取向和社会结构的批判。

后来，在几位诺贝尔奖获得者的支持下，拉兹洛成立了广义进化研究小组，以期从进化的"历史"中发现能指导解决全球问题的某些原理、规律和方法。1996年，在匈牙利总统和政府的支持下，拉兹洛又成立了布达佩斯俱乐部。他期望通过自己的活动帮助人类逐渐有意识地改变自己的思维方式、对自然的认识、价值追求和社会行为，因为人类的任何过度索取和生产都会破坏社会系统与生态系统之间的平衡，并遭到毁灭性的报复。只有发展"全球意识"和"全球伦理"，才能避免或至少减轻全球性的灾变。

最后，拉兹洛在《巨变》中写到，全球生态环境的恶化才是21世纪人类长期面临的最大的威胁！在本书中，拉兹洛清楚地揭示了人类目前所面临的全球危机，从根本上来说是一种意识的危机。为何在数百万物种之中，唯独人类可以这样做，做出长期显然违背自身利益的事情呢？问题的症结在于我们的思维，我们的态度，我们的价值观。

拉兹洛论述了全球系统遵循复杂系统演化的非线性混沌动力学的原理。这类系统的演化有四个阶段：第一阶段——1860～1960年是奠基时期；第二阶段——1960～2000年是全球化时期；第三阶段——2001～2010年是决定性的关键期；第四阶段——2010年以后将跌入"末日境况"。他认为，我们现在已经接近第三阶段的门槛，即接近系统发生突变的临界状态。一旦越过这个临界状态，系统便不可挽回地跌入第三阶段，随后第四阶段便会接踵而来。

拉兹洛指出，第三阶段是一个关键时期，人类的未来究竟如何完全取决于我们的所思所为。因为按照他的说法，未来是创造的，不是预定的。一旦突破临界状态，世界必将发生"巨变"，要么是"大灾难"、"大瓦解"，要么是"大突破"、"大转变"。此外，他还分析了决定第三阶段巨变的重要因素：生态上的非可持续性和社会目前存在的非可持续性。"进化不是命运而是机遇，未来不是被预见而是被创造"，人类的未来完全取决于人类能否创造出一个新世界。不断迫近的全球性灾难，需要人类发挥自身的能动性去予以缓解，否则摆在人类面前的道路只有一条：走进地狱。

按照拉兹洛的理论，人类的发展虽然是一种非线性系统，在其演化过程中充满了无法预料的因素。但是如果人类现在就对全球问题给予足够的关注，并致力于缓和人与环境的对立，那么就是一种积极的自我调节。

如今，全球性问题日益突出，人类生存的困境越来越明显，人类更是到了需要创造一个新的文化世界的时候了。由于目前占据世界主导地位的西方文化及其生活方式，不仅加剧了人与人之间的冲突，也加剧了人与自然环境的冲突。而解决"冲突"的唯一途径就是面向未来、面向人类生活的整体，设想出另外一种"可持续发展的"生活方式与文化观念，并坚决地以此作为思想和行为的指南。

历史影响

《巨变》为人类的生存敲响了警钟，向人类展示了通过文化进化和意识革命才有可能战胜危机的图景。在这部影响甚大的著作中，拉兹洛以大量的数据和令人信服的分析指出，全球生态问题将是21世纪人类面临的最大挑战，其观点迅速产生了积极的回应。

本书对这个世界既有全景式的描述，又有思维缜密的理据。书中的许多观点都是发人深省的。《巨变》不仅在现代科技突飞猛进、信息革命日新月异的今天，为麻木或兴奋、冷漠或偏执的人们凸显了全人类所面临的深刻危机，而且为我们应对危机提出了解决之道。

精彩书摘

我们进入第三个千年纪之际，前此进化而成的人际、人与自然关系形式，已造成紧张、冲突和危机升高。生态和社会这两组关系，如今变得无以为继。我们若想把今天的巨变导向安全的结局，并以自己的力量走向比较均衡的后理性文明，首先必须了解和考虑这些"非可持续性"。

生态上的非可持续性

　　这个星球上的人类社会与自然所有演变成非可持续关系，大致是两个基本趋势展开的结果：

　　·日渐增加的地球人口，对这个星球上的物理与生物资源需求日益增高。

　　·满足这些需求的物理和生物资源，许多已加速枯竭。

　　若是这些趋势持续不变，两者的开展曲线必然会相交，人类的需求终将超过地球能满足的容量，导致前所未见的状况。

　　在将近 500 万年的历史中，人类的需求与资源之间的关系，大半时间皆属无足轻重。由于技术原始和人口少，地球资源似乎是取之不尽的，即便技术的利用使得某地环境与资源匮乏枯竭，仍有其他的环境与资源可资利用。然而，到了 19 世纪中叶，人类总数即已达 10 亿，今天则超过了 60 亿，地球人口预计到 2015 年会增加到 72 亿左右，到本世纪中叶时则可能增长到 80 亿到 100 亿之间。虽然人口增长的 95% 发生在目前贫穷的国家与地区，但大规模的移民会把人类族群扩散到全球所有符合经济效益、可居住的地区。

　　单是人口数字不足以解释现今的非可持续性。今天的 60 亿人类，只占地球生物量的 0.0014% 左右，大约是动物量的 0.44%。如此小量的需求，不足以对整体系统及需求本身构成威胁。不过，由于过度使用资源和破坏环境，我们的确威胁到整个生态系统。人类对地球资源的影响与人类多寡不成比例，我们不能无限制地增加这类需求。

　　目前的生态非可持续性，乃是与人类文明同样源远流长的开发模式使然。史前社会安定且恒久，人与环境发展出一个可持续关系。只有太阳能源从外进入这个自然与人关系的系统，只有热能因回射到太空而离开这个系统，万物莫不在自然中循环再循环。取自当地环境的食物与饮水，终将回归环境中，即便在死亡中，人体也离不开生态系统：尸体入土，化为沃土。世间男女所创生的万物，没有一样会积累成"非生物可降解"的毒物，人类所作所为，没有一样会对自然复苏与再生造成恒久伤害。然而，早期的人类族群学会操控环境之后，情况便为之改变，先民所维系的再生环境遭到了破坏。有此变化之后，人类对自然环境的影响力便开始致命地升高。

发明更好的工具与手段，可以取得更多的资源，更有效地利用现有的资源。结果，人口可能、也确实已增加。有了控制火的能力，易腐食物可以保存得更长久，人类采集和狩猎的范围更加广泛了。人类聚落扩散到各大洲，且逐渐改变环境以适应自己的需求。不再满足于采集和狩猎的先人，开始学习播种，利用河水灌溉和排除废物，驯养某些犬类、马匹和牛羊。这些作为把先人的领地范围更为扩大，人类对自然的影响也随之升高。食物开始从刻意改良的环境中流失，更具规模以及技术更先进的社群持续随意处理废物，黑烟消失在稀薄的空气中，固体垃圾冲到下游，流进河川，散播到大海中。即便地方环境因为森林滥伐和土壤过度利用，逐渐变成旱地而不适合人类居住，仍有处女地可供征服和利用。

今天则不然。我们正在地球维系人类生活能力的外缘操作。地球是有限的系统，资源、空间和再生潜能莫不有限，而我们正在逾越这些极限的有效范围。

点评集萃

不得不承认，拉兹洛本人是极有远见的，《巨变》则是一本不可多得的好书。

——美国物理学家　弗兰克·波尔斯劳

正如拉兹洛所说的那样，危机正是人类造成的，并非自然所为……人类的生存环境究竟会发生什么样的改变，答案在《巨变》一书中可以找到。

——英国环保主义者　H.吉尔福

《食物的背后》

作　者：[美] 克雷格·萨姆斯

译　者：黄又林

出版社：新星出版社

作者简介

克雷格·萨姆斯，1944 年出生于美国内布拉斯加州，在宾夕法尼亚大学沃尔顿商学院毕业后，定居英国伦敦。他起初经营民族服饰和进口业务，1967 年与兄弟创办主营有机食物的公司，并在英国和欧洲大陆积极推动有机生活运动。

他著有《有关长寿饮食法》、《糙米烹饪法》等与饮食有关的著作。

内容简介

食物是人们每天都会面对的，然而究竟多少人对所接触的食物有所了解？多少人真正理解健康和饮食的关系？受"吃啥补啥"的错误观念的引导，快餐文化、速食品革命的到来，人们的健康状况也出现了不容忽视的问题。《食物的背后》是由经营食品公司的专家倾心打造而成，其中所提及的许多问题，值得我们注意。

本书的核心思想是：注意"你"的饮食。全书分为一般性问题、食品与企业的问题、食品与农业的问题、食品与营养的问题、对现实生活中食品的思考五个部分。作者运用恰当的事例来作依托，通过多方面的探讨，展现了这样的事实：食品制造商为了满足人们日益增长的食品需要、追求收益的最大化，导致大量缺乏营养和不安全的食品出现。他们在食物中加入很多饱和脂肪、糖、盐，以及各种添加剂，给人类带来极大的伤害，也给环境造成严重的污染，然而许多人并不了解真相。在食物的背后，化肥农药的使用、土壤的污染、水的污染等方面的影响，加之个人错误的观念、不良的饮食习惯等的"指引"，人们的健康问题出现了危机。本书教导人们担起自己应当担负的职责——在了解食物背后秘密的基础上，在保持绿色环保的前提下，学会选择健康营养的食物，从而更加健康地生活。

本书各章篇幅虽短小，但字字珠玑、切中要害，行文逻辑严密，结构安排合理，定会使读者获益不少。

历史影响

《食物的背后》是一部全球性的健康指导书，该书让读者逐步了解食物，真正认识到食物对于健康的重要意义。如今，更多的人在如何选择食物、如何正确饮食、自己种菜、拒绝食用对生态环境有危害的食物等方面达成了新的共识。

精彩书摘

在 20 世纪 60 年代，全球沉浸在一片饥荒警告的惶恐之中，博洛革培养出一种"神奇的小麦"品种，提高了世界上一些最易遭受自然灾害国家的小麦产量。

绿色革命的兴起依赖于一种短茎小麦和短茎水稻。自然界的谷类作物一般有几英尺高，由强壮的根系结构来支撑。和野草相比，高大的作物在采光方面占有优势，谷物的茎能为牲口提供垫圈的稻草，为人提供建屋顶用的稻草以及其他用途。博洛革培养出来的是一种新型杂交品种，秆茎很短，根系也很有限，使植物能够集中精力结穗。只要给田间施用足够的除草剂和肥料，就能获得丰收。机械化的发展也有利于增加粮食产量。

在印度一度预告将要发生粮食短缺时，这种新型作物品种传到了该国，使印度的谷物产量大增，并且开始向美国出口。然而，好事有时会引发出一种不愉快的结局。在绿色革命进行得轰轰烈烈的 1970 到 1990 年间，世界上的饥民数量从 5 亿 3600 万上升到 5 亿 9700 万。世界现有的粮食不够所有人食用。如果产量确有上升，作为两大粮食出口国的美国和印度就不会发生饥荒。贫困是造成饥饿的一个原因，可耕种土地的减少是另外一个原因。

我们继续说印度的情况。绿色革命的各种做法对于小规模经营的农民来说很难实现，因为他们买不起新种子和所需的化肥，当大农场兴旺发达之际，他们却被迫离开了自己的土地。化肥取代了劳动力，弱小的农民和农场工人加入了失业与饥饿的行列。土壤的肥力和腐殖质下降。土壤肥力的下降意味着印度农民要想保持相同的产量，每年都要施用更多的化肥。问题不仅在于要花更多的钱购买更多的化肥，还在于产量的提高将导致价格下降，农民的利润也随之减少。

由于土壤肥力和矿物质含量的降低，农产品中包含的铁、锌以及维生素 A 的含量也同时下降，导致贫血和营养不良的现象日益增多。这些损失使得任何碳水化合物获取量的增加都变得意义不大了。人们对于蔬菜、水果以及豆类蛋白的消费也出现了下降。在绿色革命开始以前，孟加拉国在稻田的夹缝中，种植了 100 多种其他绿色植物，这些繁茂的植物提供大量的食用胡萝卜素、铁质以及叶酸（维生素 B）。除草剂的使用，杀死了大量此类植物。水稻产量上去了，但由于食物中缺少这些营养，出现了失明、贫血以及生育缺陷。每年有 600 万的儿童死于营养不良，印度和孟加拉国占了其中的很大比例。

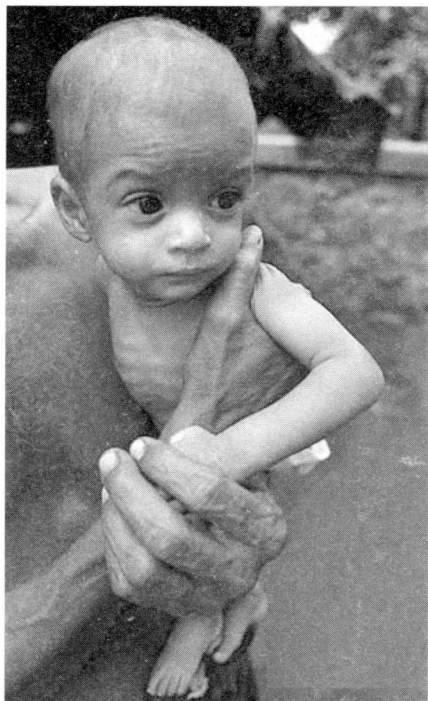

营养不良的印度儿童

绿色革命到底值不值得进行呢？1993 年，一份针对印度南部农场的研究结果发现：那些奉行"生态政策"的农场，在生产率和获利率方面，与那些实行绿色革命、使用大量化肥的农场旗鼓相当。很多人都能分享"生态农场"创造的利润。

绿色革命宣告失败。诺曼·博洛革把希望寄托在基于基因工程的"第二次绿色革命"之上，他希望有一天基因工程能够实现作物改造，在减少使用化肥和农药的情况下提高产量。经过基因处理的作物在盐碱地里生长也是梦寐以求的目标之一。博洛革的建议受到了很多大型化学公司，如孟山都

（Monsanto）、诺华（Novartis）、杜邦（DuPont）公司等，以及世界银行和其他国际机构的热烈支援。他们声称，饥饿和饥荒可以通过这些生物技术工具加以消灭。自 20 世纪 80 年代以来，基因工程所期望的所有奇迹，全部都建立在"可能"两个字之上。对于印度每天都有 5000 个儿童死于营养不良的事实来说，这一安慰却显得过于渺小。

点评集萃

《食物的背后》教我们更加健康地生活。

——美国生物学家　阿尔曼·迈多杰斯

食物到达我们手中之前究竟发生过什么事情？食物的营养成分是不变的吗？什么样的食物才是健康的食物？所有的一切疑问都会在《食物的背后》中找到答案。

——英国科学家　多切尔·斯福曼

《消失的边界：

全球化时代如何保护我们的地球》

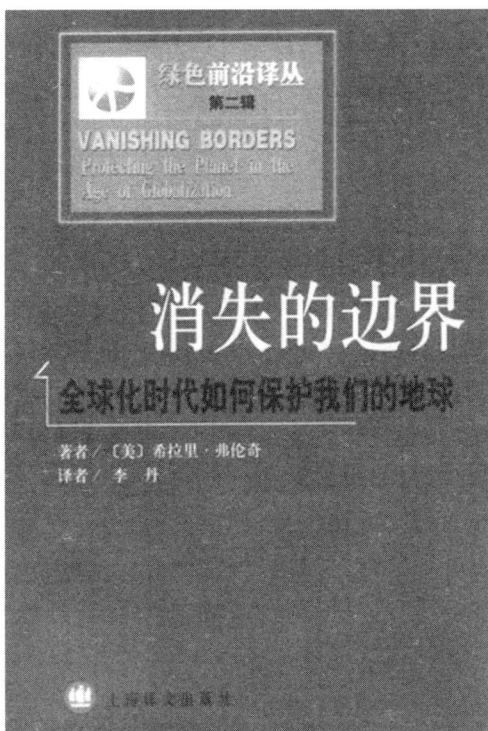

作　者：［美］希拉里·弗伦奇

译　者：李丹

出版社：上海译文出版社

作者简介

希拉里·弗伦奇，美国环保科学家、世界观察协会会员。一直致力于全球环境问题的研究，著有《消失的边界：全球化时代如何保护我们的地球》等多部环保著作。

内容简介

我们共同生活在一个星球上，环境问题不是孤立存在的，环境问题如今大大突破了区域和国别的界限，甚至肉眼看不见的病菌都在跨国界传播，环境全球化问题渗透到了地球的每一个角落。

《消失的边界：全球化时代如何保护我们的地球》与我们所想象的环境保护类著作不同，它没有空洞的说教和启蒙式的宣传，而是作者完全用全球性的事实和数据说话——忽而亚洲，忽而非洲，忽而美国，内容丰富，故事新颖，极具说服力。正是在大量事实罗列和信息汇总的基础上，她才提出了这样一个"地球人"极为关注的话题："经济全球化时代如何保护我们的地球"。

在本书中，作者不仅描述了全球化时代人类面临的环境困境——"近几十年来的商业全球化过程也使环境问题全球化了……日常生活中的一件类似柚木咖啡台的装饰品和一顿三文鱼晚餐都能够影响到地球另一端的人的健康和生态系统。国际性投资对生活在地球上遥远角落的数以万计的人们所处的环境产生了影响，尽管这种影响并不是刻意施加的"，而且试图寻找到从困境中突围的方法——改革全球化的管理，包括"绿化国际金融机构"、"加强全球环境监控"、"使全球环境保护制度化"等。但是作者真正希望的，是在非政府组织、政府和国际性组织之间建立一种"新型的合作伙伴关系"。

同时，作者指出，环境问题其实也是一个利益问题，是一个与发展相矛盾的问题。环境问题的困境一定程度上在于它与发展的难以协调。而环境问题的全球化，由于涉及国家利益，更是纠纷不断。不仅发达国家与发展中国家观点不同，发达国家之间、发展中国家之间也存在着巨大的利益冲突，全人类只有正确地面对"全球化的生态学"，采取绿化国际金融架构、加强全球环境监控等措施，才能保护好我们赖以生存的地球。

历史影响

《消失的边界：全球化时代如何保护我们的地球》提出了一个全世界环保人士和关心环保的人值得重视和思考的问题：在经济日益全球化的时代，人类如何保护赖以生存的生态环境。希拉里·弗伦奇的论断对解决全球环境问题能起到一个"非常关键的作用"，同时，更好地保护地球——这也是全人类所希望的，因为每个人都生活在地球上。

精彩书摘

时隔不久，这场闹剧很快被贴上了"西雅图之战"的标签。也许正是这场"战争"标志了一个非常重要的转折点。《华盛顿邮报》对此作了如下报道："如果说透过本周西雅图街头的催泪瓦斯的浓烟和破碎的玻璃我们能清晰地看到一点什么的话，那就是有关自由贸易争论的核心问题已发生了变化。它已经不再是一场关于自由贸易本身的讨论，而是演变成了一场关于全球化的讨论。现在许多人认为，全球化的过程不仅影响了就业和收入等传统的经济因素，同时还波及了人们所吃的食物，他们呼吸的空气……以及他们身处的社会和文化环境。"这次世界贸易组织会议引发了对环境问题以及对更为广泛的全球化趋势的关注。这些海运远远超出了示威者的初衷。

围绕西雅图会议的论争表明，"全球化"已成为一个有争议的问题。之所以产生争议，部分是因为这一进程对不同的人来说有着截然不同的意义。对有些人来说，全球化意味着全球性合作的加强，这种合作所涉及的面非常广，超越了国界和隶属关系的制约；对其他一些人而言，全球化是更大范围的社会和文化整合的象征，导致这种整合的是因特网和大众媒介的传播。

与此同时，全球化过程也可能意味着污染、细菌、难民以及其他方面力量的国际界限日益模糊。

采矿业和石油业的发展也对地球上的森林、山脉、水资源和其他一些敏感的生态系统造成了很大的威胁。采矿业耗费了巨大的环境资本，它不仅毁坏了大面积的土地，同时还产生了数量很大的污染物和废弃物。举例来说，在美国，每生产1公斤黄金，就会留下300万公斤的废矿石。主要的矿产采掘地通常是在先前未被破坏森林和野地。据世界资源研究所报道，采矿和开发能源以及相关的活动是继伐木之后对边缘森林造成危害的第二大因素。它所影响到的森林面积约占受破坏的森林总面积的40%。

采矿业不仅破坏了宝贵的生态系统，而且还对当地居民的生活造成了损害。据估计，未来20年里，50%的黄金将产自当地有人居住的地方。采矿业所产生的有毒副产品毒化了人们赖以生存的水资源，同时采矿业本身也对森林和田地造成了破坏，而恰恰是森林和土地为人类生存提供了给养。

工业化国家是矿产的主要消费国。工业化国家几乎占据了全球100%的镍的进口量，同时他们进口的铝矾土约占世界总进口额的90%，锌的进口额占80%，铜、铁、铅和锰的进口额占70%。而发展中国家是矿产资源的主要出口国，他们所面临的来自采矿业的危害最大。从总体上讲，发展中国家出口的铝矾土和镍矿石约占世界总出口额的76%，出口的铜矿石约占67%，锡为54%，铁矿石所占份额约为45%。

近年来，传统采矿国的矿产开采速度已经减慢，但在许多发展中国家，这一速度却有所提高。从1991年到1999年，拉丁美洲在开采有色金属方面的投入增加了3倍，在非洲和太平洋地区，这方面的投入也有所提高。而在北美，这方面的投入正在急剧下降。现在在矿产开发上的花费约有30%是在拉丁美洲，它业已成为了矿产投资额最高的地区。而在1991年，它在全球矿产开发中所占的比例仅为11%。

美国的采矿业因这种投资的转移而对环境保护主义者进行了指责。他们抱怨说，日益严格的环境保护条例使得本国的矿产开发变得相当困难而且耗资巨大。然而更为重要的事实，是许多矿产资源拥有国正在敞开双臂欢迎国际投资者介入本国的采矿业。近年来，约有70个国家为了鼓励投资而改写了他们国家的采矿方面的法规。与此同时，却极少有国家在加强环境保护法律及其实施方面投入同样大的力量。

点评集萃

《消失的边界：全球化时代如何保护我们的地球》提醒人们，某些威胁着人类生存的政策能够被改变，但是我们现在必须行动。

——（美）《环境主义者书架》

《消失的边界：全球化时代如何保护我们的地球》是关于"可持续发展"的第一个真正的国际性宣言。

——加拿大生物学家　肯内斯·哈尔斯

《小 小 地 球》

脆 弱 的 地 球

小小地球

"只有死去的鱼才会随波逐流，
活着的鱼特会逆水而游。"

James Bruges 著　杨晓霞 译

新星出版社 NEW STAR PUBLISHER

作　者：［英］詹姆斯·布鲁吉斯

译　者：杨晓霞

出版社：新星出版社

作者简介

詹姆斯·布鲁吉斯，英国建筑师、环保主义者。他出生于克什米尔，12岁回到英格兰，接受过正规的教育并到伦敦的建筑学会研究建筑。此后，他在伦敦、苏丹以及英国的布里斯托担任建筑师。他通过建筑工作日益关注环保问题，终于在1995年放下建筑事业，集中精力致力于环保工作。著有《可持续性与布布斯托市区村庄》、《小小地球》等环保著作。

内容简介

随着科学技术的飞速发展，人类的生活发生了翻天覆地的变化，各种新技术、新发明不断产生，使得人们对地球资源的攫取不断升级，污染也随之加剧。科学家研究发现，在过去30年，人类活动已经将地球自然资源的三分之一消耗（垃圾的排放量可想而知），并正在造成气候的紊乱、环境的污染。"关爱地球、关注人类的生存世界"已刻不容缓。

作者通过细致认真地调查研究，论述了地球所面临的问题，诸如某些鱼类数量的大幅减少、臭氧层的破坏、淡水资源正在耗尽、全球变暖、土壤的日益贫瘠等方面的内容，将人类面临的现实问题真实地展现出来，发人深省。另外，作者列举了大量有关个人见解、行动、构思新想法的事例，诸如节约能源、研究开发新技术、尊重自然界固有的方式、应用新的生活方式等，使我们尽量地减少对地球的污染和伤害。书中的许多理念可以使环境和管理之间达成一致，并继续朝着健康的方向发展。

最后，作者明确地指出：改变必须是彻底的，如果补救行动的规模和各种危机的规模不相适应，那么我们将注定遭到失败。

历史影响

《小小地球》虽篇幅短小，但涵盖面极广。譬如谈到农业问题，作者先从生物拟态开始，接着讨论农业之本——土壤及现代工业化农业对土壤的影响。如今产量是提高了，但牺牲了质量，更有甚者是多施化肥，滥用基因改造食物。人类的"新技术"对地球的损害让人瞠目，本书将人类的"所作所为"细致地描绘出来，促使人们重新思考自身的生存环境及生活方式。

精彩书摘

快速变化的气温使地球上的各类物种根本没有时间进行调节和适应。如果真的出现了这样的情况，整个生态系统就会崩溃，而如果农民们无法依赖于现有的天气模式，整个食品体系就将受到威胁。如果西南极洲岸基的冰原离开原位，海平面将会上升 6 米，许多城市和大多数发达国家的基础设施都将淹没在一片汪洋之中，其中包括许多核反应炉。以上提到的这些都是真实的情况，绝不是毫无根据的预测。几乎所有的预测现在都已被证实是错误的，现实的情况与预测完全不同。我们上面提到的经济学家们所犯的错误就是把预测当成是永恒不变的真理。我们所采取的行动应该以使我们的行为和我们唯一的地球家园的变化过程保持和谐一致的思想为基础，而绝不可以建立在预测之上。

以往的经验并不令人感到鼓舞，几乎每个星期的报纸上都会刊登有关自然灾害、极端的天气变化或是生态系统出现混乱的报道。人们习惯于将珊瑚比作是矿工的金丝雀，一旦金丝雀泄露了自己的栖身之处，矿工就会知道自己正处于极度危险之中。然而整个世界范围内的珊瑚礁正在慢慢消失；南极地区的磷虾的数量也正在大大减少；提早到来的春天造成了鸟类食物需求高峰与可捕获的昆虫数量之间的不协调；一些热带地区的疾病，比如疟疾，正在向其他地区蔓延；北极的冰层正在变薄。1998 年长江泛滥的洪水迫使 5600 万人离开自己的家园，这场洪水极有可能和全球变暖有关。而在孟加拉国，肆虐的洪水使 2600 万人无家可归。同样发生在 1998 年的 MITCH 飓风夺去了 18000 人的生命。印度奥里萨邦和莫桑比克也曾发生过一些其他类似的天气灾害。然而所有上面提到的这些事例只不过是全球气温升高了 0.6℃ 造成的结果，如果将 0.6℃ 乘以 5 或是 10，想想看会发生什么呢？

我最后还想谈谈保险业。保险业也是不能对全球气候变暖状况置之不理的行业之一。特许保险学会认为，从目前趋势看，在今后的 60 年里我们遭受的损失将会超过全球的 GDP。我们不可能把所有的钱都花在应付灾难上，因此即使气候变化不会加快速度，转折时刻也会提前到来。现在保险公司已经不再对某些由于天气灾害引起的损失承保了。他们正在向政府施加压力，要求政府采取行动以阻止全球气候发生剧烈的变化。!

点评集萃

《小小地球》让我再次证实了我的研究成果。地球环境的恶化程度不是我一个人在信口胡诌，而是很多与我一样的环境爱好者的共同答案。

——英国环境学家　凯迈恩·杜思特

地球从来没有处在这样的危险状态中。生物物种的灭绝速度快得连我都来不及记录那种生物的详细档案。

——美国生物学家　道尔斯·德内富思

人类的活动已将地球上三分之一的自然资源毁灭了，人类的过去、现实的环境、地球的前景……我们都能在《小小地球》中找到印迹。

——（美）《自然主义者书架》

《全球变暖》

科 学 前 沿

全球变暖

Global Warming

弗雷德·皮尔斯 著

陈 钢 译

生活·读书·新知 三联书店

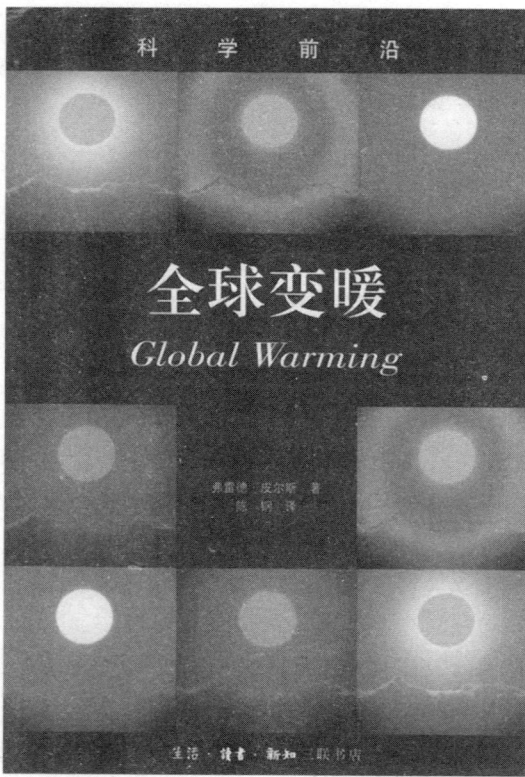

作　者：[英] 弗雷德·皮尔斯

译　者：陈钢

出版社：生活·读书·新知三联书店

作者简介

弗雷德·皮尔斯，英国著名科学家、环境学家，现为《新科学家》杂志的顾问。他常给《卫报》、《独立报》和英国广播公司撰稿。他已从事环境科学写作20余年，有著作50余部。

内容简介

毫无疑问，地球的温度在上升。随着温度的不断上升，引发了一系列的问题：两极的冰川在迅速消融，北极熊在挨饿，海平面在上升，陆地在消失，洪水不断泛滥，许多物种在加速灭绝，土地沙漠化严重……据许多科学家研究表明，20世纪是千年以来最暖的世纪。为何如此？因为我们释放了太多的温室气体。

《全球变暖》共分为"全球在变暖"、"天气预警"、"防患于未然"三个部分。"全球在变暖"通过对全球变暖证据的分析，阐述了温室效应产生的原因，历数了地球变暖的历史，剖析了导致全球变暖的自然因素和人为因素，并对未来进行了预测；"天气预警"分析了全球变暖这一趋势对气候、自然景观和生态系统可能产生的影响；"防患于未然"讲述了世界各国为改变全球气候现状所设定的目标，并对几种生态无害的能源进行了介绍，提出了我们应采取的预防措施。

作者从全球变暖的事实着手，通过巧妙地处理，将人类的生存现状如实地展现于读者面前，发人深省。本书语言通俗易懂、脉络清晰，加之精美的图片与文字有机结合，方便了读者更清晰地了解当今最重要的科学话题，为全人类的环保之路提供了坚实的基础。

历史影响

全球变暖的影响远比人们所想象的要来得快。全球变暖所引发的一系列问题已经严重影响到地球的生态和环境，世界上很多国家和地区遭受了前所未有的灾难，对此，我们再也难以提出异议了。

精彩书摘

我们面临着全球变暖的问题，十年前那只是推测，现在，未来正展现在我们眼前。北美的伊努伊特人已看到这种趋势：冰灾消失，北极熊在挨饿，倔强的鲸也在移栖。从拉丁美洲到东南亚的穷镇里的人也看到这种趋势：致命的飓风、塌方和洪水。欧洲人也看到这种趋势：正在消失的高山冰川、地中海的干旱和变幻莫测的暴风雨。研究人员们也看到了这种趋势：从树木的年轮和湖泊的沉积到古代珊瑚和冰核中所困住的气泡等一切东西。所有这一切都揭示出地球在近千年或更长时间以来都没有变暖。而在过去的 25 年里，地球却以前所未有的速度变暖了。而在这 25 年里，大自然对全球气温的影响（如太阳黑子）本应使我们的环境凉爽下来的。温室效应物理学成为一种科学已有一个多世纪。如今，绝大多数的环境学家都认为我们所瞩目的是认为的气候变化，对此我们很难提出异议。

饥饿的北极熊在觅食

全球性融化

格陵兰的冰盖在海岸边缘正在快速地失去其原有的厚度。英国和美国潜艇进行的声呐测量揭示出，近 40 年来在夏季北极冰的平均厚度下降了 42%。在夏季，船只基本上都能从加拿大北部极其著名的西北通道穿过。

北极大部分地区的证据是关于以前从未记载过的变暖的速度和程度。在南极洲外面，磷虾在其下面觅食的海冰在消失。结果，其他生物也在挨饿。这就是福克兰的海狮种群和南设得兰群岛的海象种群急剧减少的原因。广泛融化的情况延伸到远离南极和北极的地区。地球陆地表面上的雪盖自从 20 世纪 60 年代以来已经减少了 10%。湖泊与河流的年度结冰期减少了大约 2 周。山状冰川已经从世界范围的冰峰后退了，包括坦桑尼亚的乞力马扎罗山，1912 年以来该山已经失去了 82% 的冰盖。

自登山家们在 19 世纪中叶首次登上阿尔卑斯山顶峰之后至今，山上冰川中的雪和冰减少了一半。瑞士格鲁本冰川仅在 20 世纪 90 年代就消退了 200 米。1941 年在一次飞机失事后，一直冰冻在冰岛北部的四个英国飞行员的尸体在 1990 年露现。只有斯堪的那维亚（北欧）的冰川仍在增高——可能是因为一次次暴风雪在这个地区倾泻了较多的冰雪，从而抵消了融化。

点评集萃

全球变暖的影响不仅仅是冰川融化、海平面上升这么简单，由此引发的一系列问题会像火苗一样窜开去，"火势"的大小取决于变暖的速度。

——英国环境学家　阿尔·弗拉德

《全球变暖》一书中所描述的事情不是作者的奇思妙想，作者也没有夸大其词，所有的一切都是真实的存在，过去的，现在的，抑或是即将发生的。

——法国环保主义者　杰克尔·艾多劳恩

《环境与发展：
一种社会伦理学的考量》

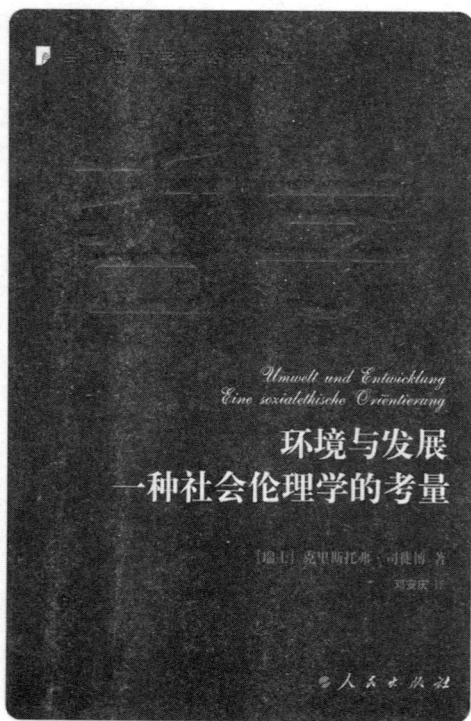

环境与发展
一种社会伦理学的考量

Umwelt und Entwicklung
Eine sozialethische Orientierung

环境与发展
一种社会伦理学的考量

[瑞士] 克里斯托弗·司徒博 著

邓安庆 译

人民出版社

作　者：[瑞士] 克里斯托弗·司徒博

译　者：邓安庆

出版社：人民出版社

作者简介

克里斯托弗·司徒博，瑞士生态学家、伦理学家、环保主义者。多年从事环境保护方面的研究，著有《环境与发展：一种社会伦理学的考量》等环保著作。

内容简介

《环境与发展：一种社会伦理学的考量》一书涉及对进步的动力与环境责任之紧张关系的一种社会伦理学的考量，及对尺度和适度品行的探究构成该书的中心。本书的主要内容包括："自然中'自然的'尺度"、"伦理学史中的适度德性"、"当代伦理学中保持适度的伦理"、"基督教环境伦理学的适度伦理纲要"等。通过富有哲理的论述，作者为我们展现了一个既相互联系、又彼此渗透的广泛的尺度领域。作者认为：只有把子孙后代的福祉视作义务的人，才能看管好人类赖以生存的自然基础，使人类永葆再生的潜力。所以，这涉及对人的维度和自然之维度上的尺度的探寻。只有理解这两个维度，才能使我们真实地描绘生态学这个词汇的完全意义成为可能。

克里斯托弗·司徒博坚持保护生态免受任何自然主义的伤害，同时也免受人类中心论的伤害。鉴于他所使用的认识方法，可以说，他的研究是跨学科的和多元论的。

历史影响

《环境与发展：一种社会伦理学的考量》在"环境破坏是社会发展中最大的挑战之一"的今天显得很有意义。全球的环境破坏、贫富差距的日益悬殊反映出现实的失度状态。这些现象继而引发的一系列关乎人类生存、未来发展的问题已不可忽视，各国政府都开始对环境保护、人类的可持续发展给予特别的关注。

但如今自然的内在尺度究竟应该如何被认识？如果通过进化，一切皆在运动，或者如果"一切皆流"（panta rei），我们便得以——又再一次——接受赫拉克利特最著名的格言。存在着进化的尺度吗？关于进化和创世的关系在这里不是我们讨论的主题。我们从这个事实出发：创世神学的绝大多数，除创造主义（Kreationismus）的创世学说之外，关于进化论和《圣经》的创世理解之间的统一性得到了肯定。

进化是这样一个过程，通过它，地球上存在的许多物种和有机物，包括人在内才得以形成，而部分地又消失了。生物和生物圈的进化本质上是由于"发现"了有性繁殖的可能性而存在的。它是通过基因物质的选择、进一步发展和适应能力的不断重组才得以可能的——当然要经历漫长的时间跨度——（最终）把个体整合成为具有共同基因的物种。

……

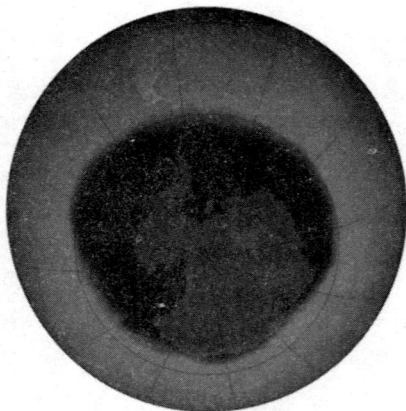

南极上空发现臭氧空洞

进化是一个不可逆的过程吗？许多生态问题具体地表现出这个问题：像臭氧层的破坏或者物种的消失这样的毁灭过程是否以及在多大程度上是能够被恢复的？或者说，是否以及在多大程度上影响到不可逆的进化之改变？种种影响不可逆的改变的行为都能作为无度的行为被否定吗？

不可逆性在不同的领域有着不同的意义。例如，在生态保护和风景保护领域的原理叫做"古董不可建造"。城市生态系统 10～50 年就是古老的，牧草地要到 250 年、高原湿地要 10000 年、婆罗洲的原始森林要到 8000 万年才是古老的。150 年以上的古老的生态系统，在它们被摧毁后都不可逆转地消失了，"实践上是不可替代的"，50～150 年的生态系统处在"可被视为长期'可造的'这个限度域之内"。与之相应，能源形式也把这个限度域看做是不可再生的，像古化石能源的形成最长要在几百万年时间之内，因此早就超越了人的时间尺度。那么在这里，为修复某些自然破坏和自然变化，关于不可逆转的，或者说对于人是不可能的尺度，就是人的生命的时间限度。

在物理学和生物学中，关于过程的可逆性或者不可逆性是同熵和已经提到的开放系统的结构相联系的。从这种视野来看，可逆的变化就是，通过把路向单纯倒转过来并倒退回去，而不是保持持续的变化。

点评集萃

发展和环境保护如何被结成可持续的发展？与此相连的利益与价值冲突如何被克服？干预太多和塑造太少之间的尺度、一种摧毁生活的乐观主义和一种敌视生活的生态基础主义之间的尺度又是什么？一切的疑问都能在《环境与发展：一种社会伦理学的考量》中找到答案。

——法国生态学家　阿尔德·加西纽伊特

当如今的人们肆无忌惮地开发利用地球的能源、无止境地砍伐一片片树林时，有没有静下心来为我们的后世子孙想想？

——瑞士环保主义者　M. 杰夫尔茨

《伟大的事业：
人类未来之路》

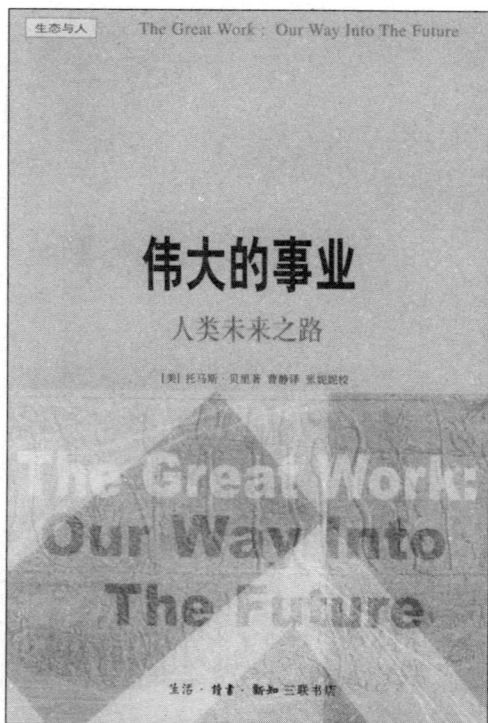

生态与人　The Great Work : Our Way Into The Future

伟大的事业
人类未来之路

[美] 托马斯·贝里著　曹静译　张妮妮校

The Great Work:
Our Way Into
The Future

生活·读书·新知 三联书店

作　者：［美］托马斯·贝里

译　者：曹静

出版社：生活·读书·新知三联书店

作者简介

托马斯·贝里，美国生态思想家、文化历史学家。1984 年，他获得西方文化历史学博士学位。同年，他到中国学习汉语、文化和宗教。后来，他回到美国，在继续学习汉语的同时，开始学习梵语，研究印度的宗教传统。他发表了许多文章，对 20 世纪重要的人类问题做出了坚实的回应。

他的主要作品有《地球之梦》、《伟大的事业：人类未来之路》、《与地球交朋友》、《宇宙的故事》、《佛教》等。

内容简介

随着科学技术的发展和商业计划的推进，人类对地球开发的范围和深度也在不断拓展。在此过程中，人类对周围世界造成的破坏也随之加剧。从某种意义上来说，开发即破坏，文明的进步带来的可能是提前的毁灭。

《伟大的事业：人类未来之路》探讨了 21 世纪初地球上存在的严重问题，一旦明白了这些问题，我们就可以向前推动历史命运，创造一种人类与地球相互增进的生存模式。全书分为十七章，包括"伟大的事业"、"地球的故事"、"野性与神圣"、"可继续生存的人类"、"伦理与生态"、"榨取式经济"、"重塑人类"、"未来的动力"、"四种智慧"等内容。作者通过典型的事例、令人触目惊心的数据，论述了地球与人类的关系、地球被人类征服的"历程"、地球所遭受的破坏污染，将地球的现实状况如实地展现在读者面前，号召人们改变观念，树立正确的生活态度，建立与地球的亲密关系，为人类的未来贡献自己的一份力量。

全书结构紧密，语言通俗易懂，逻辑性强，发人深省。

历史影响

托马斯·贝里提供了使人类一生受益的清晰而深邃的思考。他指出了我们的任务所在，显示了我们所必须面对的巨大挑战。《伟大的事业：人类未来之路》是一本预言书，充满了洞见、学识和说服力，值得全世界的环保人士品读。

精彩书摘

现在，地球每年丧失约 250 亿吨地表土，这对未来人类食物来源将产生怎样的后果尚不得知。由于捕捞加工船的过量商业捕捞，那些二三十英里长和二十英尺深的流网的使用，使某些数量众多的海洋生命物种灭绝。如果再加上地球南部地区雨林的毁灭和其他灭绝，我们就会发现，地球每年都在丧失大量的物种。除此之外，人类给这颗星球造成的影响还有很多：使用河流处理垃圾所造成的混乱，燃烧矿物燃料带来的大气污染，使用核能产生的放

工厂排出的大量废气

射性垃圾。所有这些搅扰，都在导致着这颗星球新生代的终结。现在，自然选择已经不能像以前那样发挥作用，在决定地球生物系统的未来上，人类的文化选择已经成为决定性的力量。

造成目前破坏的最深层原因在于某种意识模式，这种模式确立了人与其他存在形式之间的彻底断裂，把所有权利都赠予人类自己，其他非人类存在却没有权利，其现实和价值仅仅与人类对它们的使用相关联。在这样的背景下，对于人类的开采利用来说，非人类就完全是任人宰割的——这是控制人类王国的四种基本社会机构，也就是政府、公司、大学和宗教——政治、经济、知识和宗教机构所共同具有的一种态度。这四种机构都自觉或不自觉地允诺了人类与非人类关系的断裂。

在现实中，实际上只有一个完整的地球共同体，它包括全部组成成员：人类的和非人类的。在这个共同体中，每一种存在都有他自己要实现的角色，他自己的尊严，他内在的自发性；每一种存在都有他自己的发言权；每一种存在都在向整个宇宙宣告他自己；每一种存在都进入到与其他存在的交往之中。这种关联的能力，向其他存在显现的能力，自发行动的能力，是整个宇宙中每一种存在形式都具备的能力。

因此，每一种存在都拥有被承认和被尊重的权利。树有树的权利，昆虫有昆虫的权利，河流有河流的权利，山有山的权利。整个宇宙所有存在莫不如此。同时，所有这些权利又都是有限的和相对的。对人类而言也是如此：我们拥有人权，拥有对所需食物和住处的权利，拥有对栖息地的权利。但是，我们没有剥夺其他物种固有栖息地的权利，没有扰乱他们迁徙路线的权利，没有搅乱这颗星球生物系统基本功能的权利。我们不能以任何绝对的方式拥有地球或者地球的任何一个部分。我们对财富的拥有，要与财富的良好状态相一致，为了让更大的共同体收益，也为了自己收益。

…………

在整个 20 世纪，人类为了连自己也说不清楚的利益，持续地放纵自己，通过毁灭这颗星球来牟取利润，致使境况愈益恶化。那些大公司联合成一体，使当今地球的广大区域被几个机构所控制。几个跨国公司的资产已经开始向万亿美元的档次攀升。在眼下 20 世纪的最后几年中，我们对生活在 21 世纪的人所负有的责任问题正在成为关注的焦点。

点评集萃

托马斯·贝里认为，人类正处于历史的一个决定性时刻。在这个时刻里，地球召唤我们去投身于一个新的生态开端，也就是人类未来之路的起点。

——美国作家　切特·雷默

托马斯·贝里敦促我们把一种搅扰地球的力量转变为一种亲善的力量。这种转变就是伟大的事业——我们将永远承担的必须的和最高尚的事业。他是地球的发言人，他对生态的洞悉照亮了那条道路——如果我们与这颗行星都要生存下去的话——我们在政治、经济、伦理各领域中所需要走的那条道路。

——美国华盛顿大学生物学教授　厄休拉·古迪纳夫

《伟大的事业：人类未来之路》将被作为试金石嵌入人类的头脑，《圣经》的智慧是它的基础，支持着我们继续健康地生存于地球之上。

——美国评论家　托马斯·雷恩·克罗

《2℃改变世界》

材料科学泰斗 **师昌绪**院士
著名冰川学家 **秦大河**院士 题词推荐

2℃ | 改变世界

Climate Change +2 degree

[日] 山本良一 Think the Earth Project 主编
王天民 董利民 王莹 译

气候变暖就像渐渐拧开的水龙头，
涓涓细流会在瞬间转为喷涌四溢。
2℃ 是人类不可逾越的气候警戒线，
足以导致社会生态系统毁灭性灾难！

科学出版社
www.sciencep.com

作　者：[日] 山本良一
译　者：王天民　董利民　王莹
出版社：科学出版社

作者简介

山本良一，日本材料科学家、东京大学教授、中日科学技术交流协会理事、日本首相科技顾问。他长期从事环境保护、生态环境材料方面的研究。主要作品有《1秒钟的世界》、《2℃改变世界》、《环境材料》、《战略环境经营——生态设计》等。

山本良一像

内容简介

众所周知，人类正面临着全球变暖的危机。冰川融化、洪水泛滥、草原退化、土地沙化，这些灾难正是全球变暖的表现；沙尘暴、干旱、暴雨、雪灾，这些异常天气的形成正是全球变暖从中作祟；大气污染、淡水缺乏、传染病肆虐、热浪袭击，这些危害也是全球变暖带给人类的巨大灾难。

联合国政府间气候变化专业委员会（IPCC）的研究表明，从1861年开始，地球表面的平均温度约升高了0.6℃，在未来100年，平均气温将上升1.4℃~5.8℃。也许，我们很难确切感觉到0.6℃的变化。但是，0.6℃对地球意味着什么？这样的变化究竟会给地球带来怎样的变化？这样的变化对我们的生活会产生怎样的影响……所有这些问题都可以在《2℃改变世界》一书中找到答案。

在本书的一开始，作者就带领我们回顾过去，生动而简要地介绍了地球环境与气候变化的历史，并将与全球气候变化的重大事件一一列举出来，加之作者精心添加的图片，让我们在阅读的同时更直观地感受到全球气温变化的真实状况。接着，该书在利用计算机进行模拟绘制地球平均气温分布图的基础上，对未来100年的气候变化进行了预测，并详细地把每一摄氏度的温度变化将会产生的影响进行了形象的描述。在这些预测中，必须强调的是2℃的特殊意义。

在盖娅假说中，地球作为一个生物有机体，具有自我适应和调节的功能，只要在一定的限度内，都可以通过人类的努力来维持平衡。然而，一旦地球气候变化突破"不可逆转点"——众多科学家所认同的气温上升超过2℃，那么，到那时全球的生态系统将会遭受毁灭性的破坏，无论人类如何进行补救，一切都将是徒劳。这也正是该书书名的来由之一。

本书从保护和善待地球的高度出发，通过科学的分析告诉我们一个惊人的秘密：仅仅2℃就足以使人类遭受毁灭性的打击！

令人欣慰的是，在全球范围内，环境保护意识已经逐渐地被广泛接受和理解，越来越多的国家和人民开始参与到环境保护的运动当中。作者在讲述了人们为阻止气候变暖所做的种种努力之后，提出了更多应对全球气候继续变暖的对策，为决策者、环保人士以及普通大众提供了新方法和新思路。

历史影响

特别强调"2℃"，是因为这个数字如今是国际上普遍关注的数字。为了防止危险的发生，许多国家已经把气温上升量控制在"2℃"以下确定为今后

气候政策的长期目标。

《2℃改变世界》让我们在触目惊心之余，不得不重新审视地球气候与生态环境问题。它彻底唤起了人们的环保意识，它告诉每一个读者2℃的"警戒线"已经不再遥远，在我们尚能掌握自己的未来之时，需要每一个人去关注全球变暖的问题，关爱我们的家园——这颗人类共有的赖以生存的蓝色星球。

精彩书摘

［1900～1952 年］最初的警告

有关气候变动和气候变暖的最初研究可以追溯到一百多年前。

大气中二氧化碳导致地球气候变暖产生"温室效应"这一观点，最初是由瑞典科学家 S. 阿列纽斯（Svante Arrhenius）于 20 世纪前夜的 1896 年提出的。自此之后，这种学说逐渐在世界上流传起来。1932 年，宫泽贤智在其名

1952 年，伦敦发生了烟雾事件，造成 4000 多人死亡。

著《古斯考布里德传记》中，就阐述了利用火山爆发喷出的二氧化碳所造成的温室效应来防止伊哈托夫（Ihatov）这个地方发生冰冻灾害的想法。

尽管阿列纽斯提出的观点具有划时代的意义，但在那个时候，担心地球气候变暖的人还很少。科学家们的兴趣尚专注于解开一万年前的冰川时代之谜。

"气候变暖将会对地球的未来产生重大影响！"最早提出这一警告的并非是科学家，而是英国蒸汽机工程师 G. S. 卡兰达尔（Gai Stuarto Calendar）。他作为一位业余气象工作者，独自一人孜孜不倦地搜集有关数据，并将其归纳总结成为一篇论文，于 1938 年在英国气象学会上发表了"人类产业活动致使二氧化碳增加，从而导致地球气候变暖"的观点。这篇论文引起了人们的普遍关注，成为以后研究有关气候变暖问题的开端。从那以后，科学家们不仅关注过去的冰川时期，也把目光转向了气候变化的未来。

点评集萃

《2℃改变世界》一书将带领我们去窥探全球变暖的方方面面——产生原因、研究历程、变化规律、未来预测、针对策略等方面的问题。

———（中）《科学时报》

全球变暖可能给全人类带来难以承受的、不可逆转的、持久的严重影响，因此应及早研究、及时采取措施减少气候变化产生的不利影响。《2℃改变世界》值得每位关注地球环境的人士悉心品读。

———中国著名冰川学家　秦大河

2℃绝不是危言耸听。从 2004 年世界上第一个国家被淹没至今，还不够人们惊醒的吗？

———英国环保主义者　S. 赫尔美

《没有我们的世界》

本书是当代最伟大的思想实验，是极富想象力写作的伟大创举。
——比尔·麦克吉本，《深度经济》和《自然的终结》的作者

没有我们的世界

THE WORLD
WITHOUT US

［美］艾伦·韦斯曼 著

赵舒静 译

上海科学技术文献出版社

作　者：［美］艾伦·韦斯曼

译　者：赵舒静

出版社：上海科学技术文献出版社

作者简介

  艾伦·韦斯曼，美国科学家、环境学家、新闻记者、美国国际公共广播电台的主持人。目前，韦斯曼任职于美国亚利桑那大学，教授国际新闻学。他的作品刊登在《哈泼斯》、《洛杉矶时报杂志》、《纽约时报杂志》、《发现》、《旅游者》、《大西洋月刊》等刊物上，其中许多作品曾在美国和英国获奖。《没有我们的世界》一书被评选为"2006年度美国最佳科学写作"，目前已被翻译成20多种文字出版。

艾伦·韦斯曼像

内容简介

  《没有我们的世界》以富有想象力的尝试、用特殊视角来探讨人类活动对赖以生存的地球所产生的影响。作者潜心研究，在科学论证的帮助下，向我们展现了这样的图景：人类消失后，城市的建筑开始腐化、瓦解，随着各个城市的分崩离析，纵横交错的柏油路逐步让位于丛林；充斥着化学物质的农场逐渐退回到原始状态，不计其数的鸟类将获得新生、兴旺繁盛；蟑螂则会面临灭顶之灾——城市中再也没有供热系统；某些常见的塑料制品或许能存在几百万年而毫无损伤；大陆会被大片森林覆盖，更大的食草动物和食肉动物将会出现……本书揭示了一个未得到充分认识的事实：人类的行为在整个生物圈里制造了连锁反应。

  作者把"人类消失"这个假设作为一个切入点，以审视我们的地球。通过观察没有人类的世界中发生的一切，让我们以独特的角度来审视眼下的世界在往何处发展。他在本书的最后提出了一种观点：人类要想作为当前生态系统的一分子继续留下来，就要更多地注重保持生态平衡。全书深刻地剖析

了人类活动对地球所造成的影响，视角新颖独到，科学性和可读性的完美结合使读者易于接受书中的观点。

本书提醒我们：我们必须停止掠夺地球资源和过度消耗资源的理由——如果我们不这么做，我们将会创造一个没有人类的世界。因为不注重自然环境，可持续性的文明将走向崩溃。

历史影响

《没有我们的世界》不是一本消极的书，它的目的是要求人们就自己对地球的影响做一点思考。书中通过令人瞠目结舌的世界未来新景象为人类发出了警告，带给人们更多的反思。人类要想作为生态系统的一分子继续得以生存，就要更多地关注环境、保持生态平衡。

精彩书摘

人行道开裂之后，中央公园顺风吹来的芥草、三叶草、牛筋草等野草草种便会向下生长，深入到新生的裂缝中，使它们开裂得更为严重。在当今世界，只要问题初露端倪，市容维护小组就会出现，消灭野草、填平裂缝。但在一个没有人类的世界，不会再有人来对纽约修修补补了。野草之后，接踵而来的是这个城市中最具繁殖能力的外来物种——亚洲臭椿树。即使有八百万人口，臭椿树（通常被称为樗树）这种生命力顽强的入侵者也能在地道的小裂缝中扎根生长，等到它们展开的枝条从人行道中破土而出，人们才会有所注意。如果没人来拔除它们的秧苗，五年之内，它们强有力的根系将牢牢地攥住人行道，在下水道里大搞破坏——没人清理，这时的下水道已经被塑料袋和腐烂的旧报纸堵塞。由于长期埋在人行道以下的土壤突然暴露于阳光和雨水里，其他树木的种子也在其中生根发芽，于是没过多久，树叶也成为不断增加的垃圾大军中的一员，堵塞了下水道的出入口。

植物无须等到人行道分崩离析的那天便已经开始乘虚而入。从排水沟积聚的覆盖物开始，纽约贫瘠的硬壳上形成了一层土壤，幼苗开始发芽抽枝。它们能够获得的有机物质当然要少得很了，只有风卷来的尘土和城市中的烟灰，但曼哈顿西面纽约中央铁道上被遗弃的高架钢铁路基现在已经是如此了。1980 年开始，这条铁路便不再使用，无孔不入的臭椿树在这里扎根，还有厚厚一层洋葱草和毛茸茸的羊耳石蚕，点缀着一株株的秋麒麟。两层楼高的仓库那儿依稀露出一点昔日铁轨的痕迹，遂又遁入野生番红花、鸢尾、夜来香、紫菀和野胡萝卜所铺出的高架车道中。许多纽约人从切尔西艺术区的窗口向下望，被眼前天然的、由花组成的绿色缎带所感动——它们占据着这个城市已经死亡的一角，并做出对未来的预言。这个地方就是纽约高线公园。

············

纽约植物园与布朗克斯动物园连成一片，占地 250 英亩，拥有欧洲以外最大的蜡叶植物群落。它珍藏着 1769 年库克船长太平洋之旅采集来的野花标本，以及来自火地岛的少量苔藓，与之相伴的黑色墨水笔迹的便笺纸上留有采集者的署名——查尔斯·达尔文。然而最不寻常的是在纽约植物园这片处女地上生长出来的原始森林，它们占地 40 英亩，却从未遭到砍伐。

虽未遭砍伐，却也发生过巨大的变迁。直到最近，这片优美而婆娑的松叶树才得名为铁杉森林。但是，几乎所有的铁杉现在都已经死亡，罪魁祸首是一种日本的昆虫，它们的体型比这个句子结束时的句号还要小，是二十世纪九十年代中期来到纽约的。最老最大的橡树可以追溯到当这片森林还属于英国人的时候，可它们也已濒临死亡。它们受到酸雨和铅等重金属的侵蚀，因为汽车尾气和工厂排出的烟雾已经被土壤吸收。它们不可能再回来了，因为大多数长有天蓬的树木都早已失去了繁殖能力。所有在这儿生活的树木现在都寄居着病原体：某些菌类、昆虫，或是一旦抓住机会便能夺取树木生命的病毒——这些树木在化学物质的冲击下已经变得十分脆弱。此外，随着纽约植物园的森林变成了被灰色城市所包围的绿色孤岛，它也成为布朗克斯区松鼠的避难所。这里没有大自然的掠食者，狩猎也被禁止，于是再也没有什么能够阻止它们狼吞虎咽还没有发育完好的橡树果或山胡桃。它们就是如此。

点评集萃

《没有我们的世界》是当代最伟大的思想实验，是极富想象力写作的伟大创举。

——美国环境保护主义理论家　比尔·麦克基本

艾伦·韦斯曼精心勾勒出既显赫又恐怖的物种所处的境地。他与读者进行交流；他对地球和人类的爱真挚而透明。

——美国作家　巴里·洛佩兹

《没有我们的世界》远远超越了干涩而枯燥的科普著作。对于一个正在玩弄自身命运的物种而言，这本书的作用是显而易见的。

——美国作家　詹姆斯·霍华德－昆斯特勒

《瓦尔登湖》

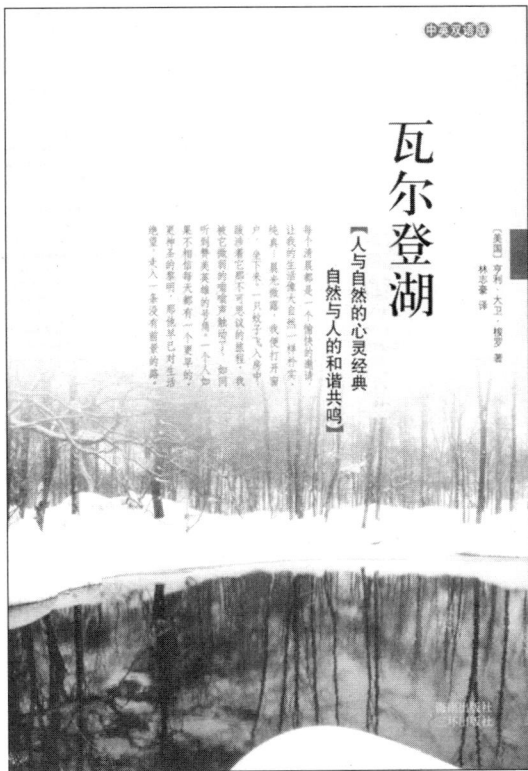

作　者：[美] 亨利·大卫·梭罗

译　者：林志豪

出版社：海南出版社

作者简介

亨利·大卫·梭罗（1817～1862），美国著名作家、哲学家。出生于马萨诸塞州的康科德城，1837年毕业于哈佛大学，曾任教师。1841年起，他弃教而转为写作。他在爱默生的影响下，开始了超验主义实践。主要作品有《在康科德与梅里马克河上一周》、《瓦尔登湖》、《心灵漫步》、《缅因森林》、《种子的信念》、《马萨诸塞州的早春》等。梭罗一生创作了20多部散文集，在美国19世纪散文中独树一帜，被称为自然随笔的创始者。

梭罗除了被尊称为"第一个环境保护主义者"外，还是一位关注人类生存状况的极具影响力的哲学家，论文《论公民的不服从权利》影响了列夫·托尔斯泰和圣雄甘地。

亨利·大卫·梭罗像

内容简介

1845年7月4日，梭罗毅然离开了喧嚣的城市，搬进了离波士顿不远的马萨诸塞州东部的康科德城的一个小湖——瓦尔登湖湖畔一座他亲手盖起来的小木屋。小木屋里只有几件简单的家具。这并不是一种消极遁世的隐士生活，而是在这里进行简化生活、回归自然的实验。

梭罗在瓦尔登湖畔生活了两年半的时间后，重新回到了城市。此后他花了几年的时间整理那些笔记。1854年，《瓦尔登湖》问世。梭罗生前的名气不是很大，但其后声誉与日俱增，被誉为"美国环境运动的思想先驱"。而瓦尔登湖这个平凡的林中小湖，也越来越显示出它的魅力，慕名而来的朝拜者络绎不绝。近年，美国又开始了新一轮评读梭罗的热潮。本书的中文译本颇多，我们推荐的是林志豪的译本。

《瓦尔登湖》是梭罗人生哲学和文学才华的集中体现，情理并茂，引人入胜。书中详尽地记录了梭罗独自一人在瓦尔登湖畔一片再生林中自食其力，与鸟兽为邻，和大自然为伍，以一种原始简朴但又诗意盎然的生活方式度过两年零两个月，他在那里种豆、捕鱼、打猎、劈柴、读书，也在那里观察、体验、沉思，并把他的所作所为和所思所感写成笔记，从中研究分析大自然所给予他的启示。其中，对工业文明的反省常常令人拍案叫绝。该书完整地发挥了他的回归自然、简朴主义、抗拒奢靡等一整套的生活主张和道德原则。

本书是梭罗细致观察、发现和感知的结晶。梭罗反对通过人为活动改变大自然的物性，整个《瓦尔登湖》记录着自我在微观宇宙历程中的经历。本书以春天开始，历经了夏天、秋天和冬天，又以春天结束——这正是一个生命的轮回，终点又是起点，生命开始复苏。全书思想清新、健康、引人积极向上，对于春天，对于黎明，都有极其动人的描写。作者主张人们应当过一种自然宁静的生活，而只有在人与自

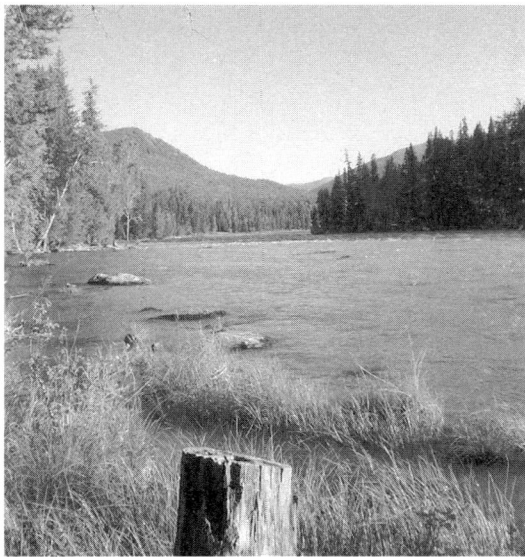

瓦尔登湖风光

然接近的基础上才能实现。书中分析生活、批判习俗之处，观点精辟，见解独特，耐人寻味。

梭罗是一个勇于坚守自己理想，并且敢于付诸行动的人。他的光辉思想和热爱大自然的行为至今仍然为身处现代社会里的人们所钦羡和赞叹。

历史影响

《瓦尔登湖》中所阐发的许多爱护大自然的观点近年在西方世界获得极度的重视，严重的污染使人们又开始向往瓦尔登湖和山林的清新空气。这部著作激励了无数自然主义者和倡导返归大地的人。细读过《瓦尔登湖》的人都有这种体会：梭罗是在探求怎样实实在在的生活，怎样体验与经历有意义的生活。他记录了人与自然的关系，人在社会中的困境和人希望提高自然的关系，这种提高是为自己，是为当时的人，也是为后来的人。

《瓦尔登湖》是美国大自然文学散文的名著，1985 年曾被《美国遗产》杂志列为"十本构成美国人性的书"之一，与《圣经》等书被美国国会图书馆评为"塑造读者的 25 本书"。在当代美国，本书是拥有最多读者的散文经典。

精彩书摘

在印第安人的符号里，房屋象征着一天的进程。树皮上画下的或刻下的一排房屋代表着他们安营的次数。人类没有那么强劲发达的肢体，所以得设法缩小自己的领域，用墙圈出一个适合自己的安身之所。

最初人们赤身生活在户外，白天在平静温和的天气里，这不失为一种舒适的生活。可遇到雨季、冬季，且不说炎炎烈日，若还不赶紧穿件衣服、躲进房屋，人类或许早在抽芽吐蕊阶段就被摧残致死了。传说，亚当和夏娃在没有衣服穿之前，以枝叶蔽体。人类想有一个家，一个温暖的、舒适的地方，首先是肉体的温暖，其次才是精神的慰藉。

…………

然而，一个人要想建造一座房屋，他得有北方佬的精明，否则事后会发现自己住在囚犯厂房里、没有出路的迷宫里、监狱里或辉煌的墓穴里。首先考虑把住所做得很灵便是完全有必要的。

我见过潘诺勃斯各特河上的印第安人，他们就在这个镇上，住在很薄的棉布帐篷里，周围的积雪堆了近一尺深，我想他们会很高兴让雪再深一些，好给他们挡风。

如何真诚地生活，自由地获得正当的追求？这个曾困扰过我的问题不像原来那样令我苦恼了，不幸的是，我变得有些麻木不仁了。我经常在路边看到一个大箱子，六尺长，三尺宽。晚上，工人们把工具锁在里面。这让我想到，每个生活艰难的人可以花一美元买个这样的箱子，在上面打几个孔，至少要让里面进一些空气。夜晚或雨天钻进去，盖上盖子，这样就能"让自由在爱中成长，让灵魂在自由中释放"。

这似乎不坏，也并没有什么可鄙夷的。你可以随便熬夜，想多晚睡都可以。每次外出时，也不会有什么房主、房东逼着你讨房租。多少人被那更大更豪华的箱子的租金烦得要死，而住在这样的箱子里也不至于冻死啊！

我绝不是在开玩笑。经济问题，你可以忽视，但无法这样去解决它。一个野蛮而勇猛的民族，几乎一直生活在户外，他们曾在这儿建造了一座舒适的房子，用的都是天然材料。

马萨诸塞州的印第安殖民区的领事戈金，曾在1674年写道："他们最好的房子是用树皮覆顶的，建造得整洁、牢固而温暖。这些树皮是在树液干枯的季节从树身脱落的，趁着还绿时，人们用重木把它们挤压成巨大的薄片……

瓦尔登湖——小屋和梭罗雕像

稍差一些的房子是用灯芯草编成的席子做顶的，同样也温暖、牢固，但不像前一种那样好……

我看到有些房子60或100英尺长，30英尺宽……我经常借宿在他们的棚屋里，发现它们的温暖丝毫不亚于英国最好的房屋。"

他又补充说，房内经常铺设着编有精美花样的垫子，

各种器皿，一应俱全。印第安人已经进步到把席垫覆盖在屋顶的洞口，用绳子拉拽席垫来调节通风。

首先应该看到，建一所这样的房子最多只需一两天，且几个小时就可以拆掉。每家都有这样一座房子或一个小房间。

在未开化的阶段，每一家都有个这么好的栖身之处，足以满足他们粗陋而简单的需求。但是，我想我这样说还是很有分寸的：鸟有巢，狐有穴，野蛮人有棚窝，而现代文明社会中却有一半的家庭没有居所。

…………

可为什么常常会是这样：享受着这么多东西的人被称为可怜的文明人，而野蛮人没有这些，却被说成是何其富有？

如果说文明真的改善了人类的状况——我想是这样的，尽管只有智者能改善他们的不利条件——这必定说明，不用提高造价，就能建造更好的住所。所谓物价，是指用以交换物品所需的那部分人生，可即刻或以后支付。

点评集萃

梭罗是一位性格迥异的天才，对于一般的农民来说，他是一位技艺娴熟的勘测者，甚至比他们更了解森林、草地和树木，但他更是一位了不起的作家，因为他写出了本国最好的书。

——美国作家、思想家　爱默生

《瓦尔登湖》激励了无数自然主义者和倡导返回大地的人们。

——（美）《环境主义者书架》

《瓦尔登湖》一书有五种读法：①作为一部自然与人的心灵探索之书；②作为一部自力更生过简单生活的指南；③作为批评现代生活的一部讽刺作品；④作为一部纯文学名著；⑤作为一本神圣的书。

——美国梭罗研究专家　哈丁

《醒来的森林》

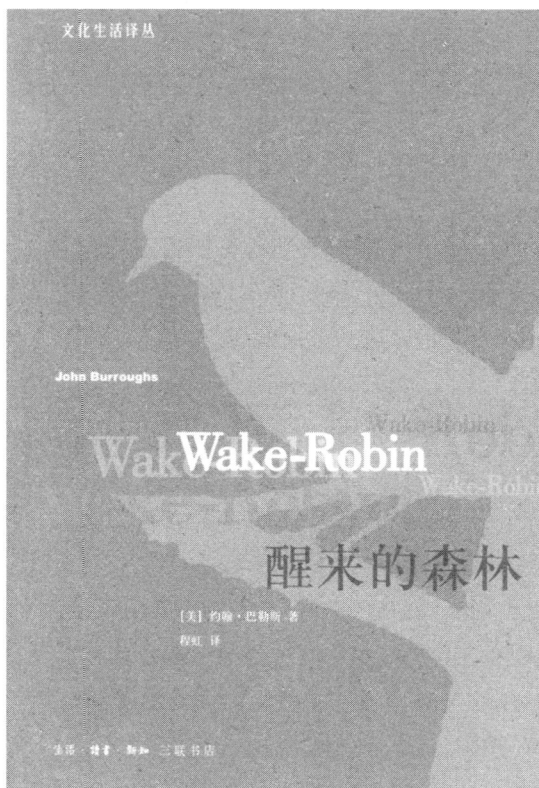

作　者：〔美〕约翰·巴勒斯

译　者：程虹

出版社：生活·读书·新知三联书店

作者简介

约翰·巴勒斯（1837～1921），美国著名散文作家，被誉为"美国乡村的圣人"、"走向大自然的向导"。他与约翰·缪尔齐名，二人通常被认为是19世纪及世纪之交最杰出的自然文学作家。巴勒斯主要作品有《醒来的森林》、《蜜蜂赞歌》、《鸟与诗人》、《延龄草》、《冬日阳光》等。他的著作多以描述自然（尤其是鸟类），也涉及游记，可以毫不夸张地说，他见证了自然在人类操纵下的改变，很多经历过城市变迁的人都对他的作品怀有深深的感情。

内容简介

《醒来的森林》是约翰·巴勒斯的成名作，该书被认为是美国自然文学的经典之作之一。

约翰·巴勒斯一生的后48年几乎都是在哈德逊河西岸的两处乡间小屋中度过的。在那里，他过着自由自在的农夫与作家的双重生活，大部分作品也都出自于此。他一生最倾心的事业是：体验自然，书写自然。他立志要把自然中的鸟类从科学家的束缚中解放出来，形成一种独特的自然文学，使其既符合自然的真实，又带有林地生活的诗情画意。

《醒来的森林》是巴勒斯的第一部自然散文集。该书并不是一部专著，而是八篇散文的集成：《众鸟归来》讲述了鸟在春天归来的情景；《在铁杉林中》讲述的是铁杉林中遇到的鸟儿；《阿迪朗达克山脉》讲述了在此山中的漫游、打猎与垂钓的趣事；《雀巢》讲述了鸟儿们的筑巢；《在首都之春观鸟》讲述了在华盛顿所见的鸟儿；《漫步桦树林》讲述了在寻找小湖垂钓的过程中的遭遇以及遇见的鸟儿；《蓝鸲》对蓝鸲进行了赞美；《自然之邀请》表述了作者自己对大自然的情趣。

在本书中，作者荟萃了自然主义文学的精华，以拟人的手法，记叙了多种鸟类的体型外貌、生活习性等，文字生动活泼，描摹准确又不失情趣，书中涉猎的鸟儿遍及不同的季节、不同的环境，为读者展现了一幅群鸟的画卷。

本书是作者通过精确的观察与体验而做出的细心严谨的记录。当中，作者没有用一个"它"字来指称鸟儿，而是通通用"他"和"她"，这种人性化的描述风格来自于作者与自然非同寻常的亲密接触和心灵沟通，是作者热爱自然、热爱鸟类的赤诚心怀。

全书充溢着鸟语花香，清新宜人。翻开书页，读者进入的仿佛就是一处刚刚醒来的森林，"鸟之王国"生机盎然，让人流连忘返。作者的笔成了一条船，引渡我们到大自然的深处，去领略那天然的情趣和景致，畅游那现代社会里已愈发珍贵的净土：清新的森林，悦耳的鸟鸣，精致的鸟巢……人来自于自然，也必将归于自然。在我们将自己越来越远地隔离出自然的同时，心里就会滋生出一种回归自然的渴望，即使身不能及，也要在心底留一份绿意。

历史影响

《醒来的森林》不仅是一本关于鸟儿的书，而且也让我们享受到大自然的清新优美，以及对树林与原野的了解与认识。更重要的是，它告诉我们一种对待大自然的态度。

巴勒斯以人性比拟鸟性，以鸟性反观人性，鸟儿的筑巢、生育、进食、娱乐，无不妙趣横生。他向读者展示了一幅幅诗意的自然画卷，令人对神奇的大自然充满无限遐想。他不仅确立了自然文学的写作标准，同时也向人们昭示了一种贴近自然、善待自然的生活方式。

精彩书摘

在蓝鸲归来不久，知更鸟就来了。有时是在三月，但在大多数北部的州，四月才是知更鸟之月。他们成群结队地掠过原野与丛林，在草原、牧场和山腰，人们都能听到他们的啁啾。如果你行走于林间，可以听到干干的树叶随着他们翅膀的抖动而瑟瑟作响，空中回荡着他们快乐的歌声。出于极度的欢欣与快活，他们跑啊、跳啊、叫啊，在空中相互追逐、俯冲而下，在树中拼命穿梭。

像在新英格兰地区一样，在纽约州，许多地方的知更鸟仍保留着产糖的习惯。然而，那是种自由迷人、边干边玩的行当，因此知更鸟就成了人们常相随的伙伴。当天气晴朗，大地空旷时，你处处都能看见他、听到他。日落时分，在高高的枫树顶上，面朝天空，带着纵情的神态，他吟唱起自己纯朴的歌曲。此时，天空中仍带着些许冬季的寒意，知更鸟就这样栖息在强壮、宁静的树中，在潮湿而阴冷的大地之上

知更鸟

放声歌唱。可以说，在整整一年中没有比他更合适和更甜蜜的歌手了。这歌声与景色和时节极为相符。多么圆润而纯真的歌喉！我们又是多么急切去倾听！他的第一声啼鸣打破了冬季的沉闷，使得漫漫冬日成为遥远的记忆。

知更鸟在我们的鸟类中属于最为土生土长的一类。他是鸟类家族的一员，但似乎比来自异国他乡的那些出身高贵的稀有候鸟，诸如拟圃鹂或玫瑰胸大嘴雀，与我们更为亲近。知更鸟身体强壮、喜爱喧哗、天性快活、亲切和睦。他有着本土的生活习性，翅膀强劲、胆略过人。他是鸫类的先驱，无愧于那些优秀艺术家的使者，他让我们做好了迎接鸫类到来的准备。

我真希望知更鸟在一个方面，即筑巢方面，别那么土气和平庸。尽管他身怀劳动者的技巧，享有艺术家的品位，可是他那粗糙的筑巢材料与不精细的泥瓦活真令人不敢恭维。观察着对面蜂鸟的小巢，使我强烈地感觉到知更鸟在此处的欠缺。那堪称是天造地设的杰作是蜂鸟这种珍禽最适当的住所。它的主体由一种白色的、像毛毡一样的物质构成，大概是某种植物的绒毛或某类虫体上的毛状物，柔和地与它所处的、长着细小青苔的树枝相协调。小巢用细若游丝般的丝线编织在一起。鉴于知更鸟漂亮的外表和音乐才能，我们有理由推测他应当有一个与之匹配的高雅住所。至少我要求他有一个像极

乐鸟那样清洁而美观的小巢。后者那刺耳的尖叫与知更鸟的夜曲相比，就像下里巴人与阳春白雪。与拟圃鹂与橙腹拟黄鹂的歌喉相比，我更喜欢知更鸟的歌声与神态。然而，他的小巢与他们的相比，却如同乡下的草舍与罗马的别墅，形成了鲜明的对比。鸟的悬巢含有某种品味与诗意。一座空中城堡的旁边，是一处悬在一棵大树细枝上的寓所，不停地随风摇荡。为什么长着翅膀的知更鸟却害怕掉下来呢？为什么他要把巢只建在顽童可以爬到的地方呢？毕竟，我们要把它归于知更鸟民主的禀性：他绝不是贵族而是人民的一员。因此在他的筑巢手艺中我们应当期待的是稳定性，而不是高雅。

点评集萃

我从来没想到森林竟然会是如此美妙的世界，《醒来的森林》让我真正开启了自然的心境这扇窗。

——美国作家　比尔·古尔斯多

人类没有权利打破森林的幽静，没有理由将鸟儿收到笼中，对于地球来说，其他物种与人类享有同样的权利。

——德国环保主义者　M.纽斯尔

《我们的国家公园》

我们的 国家公园 OUR NATIONAL PARKS

作　者：［美］约翰·缪尔

译　者：郭名惊

出版社：吉林人民出版社

作者简介

约翰·缪尔（1838～1914），出生于苏格兰，11岁移民至美国。1874年，他开始了写作生涯，共发表了300多篇文章，著有10本书。正是在他描述美国自然风光的作品的感染下，美国相继成立了许多保护性的国家公园，他因此获得了"国家公园之父"的美誉。除本书外，他有影响的作品还有《我童年和青年时代的故事》、《阿拉斯加的冰川》、《山间夏日》、《我在塞拉的第一个夏天》、《在上帝的荒野中》、《约塞米蒂》等。

约翰·缪尔像

内容简介

《我们的国家公园》问世于1901年，在全世界有多种文字的译本。约翰·缪尔只身踏遍美国的千山万水，以亲笔记录和介绍了被破坏殆尽的——主要是植物和动物的感人至深的景象。作者从对多彩的自然风光描绘，到对植物、岩石、动物、河流的具体描述，再到自然环境被破坏的现状的展示，说明了人类活动对大自然所造成的影响，显示了作者珍爱大自然的情感。

本书文笔生动精妙，感情细腻，视角广泛，是描写自然界动物、植物景况和天趣最有影响的力作之一。虽然书中介绍了黄石公园、红杉公园、大峡谷以及美国的其他国家公园，但是作者赋予最多热情的是约塞米蒂国家公园——约塞米蒂的森林、野生花园、动物、鸟、泉水与溪流都进行了详细的描述。除了赞美公园的自然美景之外，他还描述了自然被破坏的令人震惊的景象，其中折射着人类的前途和命运。作为结束的一篇文字，作者更是真挚感人地恳求救护美国的森林，字里行间，感人至深。

历史影响

《我们的国家公园》不断地提醒我们对大自然的需求和我们对大自然的责任。正如作者所想：更多的人到公园来，更多的人热爱自然美景，才会有更多的人关注公园，保护公园。

在《我们的国家公园》出版以前，美国只有一个国家公园——黄石国家公园，而在这本书出版不到 4 年的时间里，约塞米蒂地区就脱离了州政府的控制，成为美国第二个国家公园。令人欣慰的是，缪尔通过建立国家公园来保护自然环境的构想，所起的作用是至关重要的。

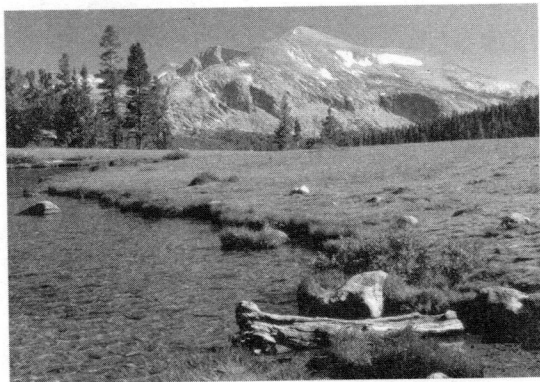

约塞米蒂国家公园景观

精彩书摘

占地近 200 万英亩的亚利桑那大峡谷保护区，或者这一保护区中最引人入胜的部分，也应像雷恩尼尔地区一样，以其超凡的壮丽被开辟成国家公园。

"任何一个白痴都会毁树。树木不会跑开，而即使它们能够跑开，它们也仍旧会被毁，因为只要能从它们的树皮里、枝干上找出一美元，获得一丝乐趣，它们就会遭到追逐并被猎杀。伐倒树的人没有谁会再去种树，而即使他们种上树，新树也无法弥补逝去的古老的大森林。一个人终其一生，只能在原址上培育出幼苗，而被毁掉的古树却有几十个世纪的树龄。在这些西部的森林里，有些树的长成需要 3000 年的时间。"

亚利桑那大峡谷风景

我用尽浑身解数来展现我们的自然山林保护区和公园的美丽。壮观与万能的用途，我持这样一种观点：号召人们来欣赏它们，享受它们，并将它们深藏心中，这样对于它们进行长期的保护与合理的利用就可以得到保证。

对于洒脱的智者……随处都可以发现取之不尽、用之不竭的自然美。

尽管自然风光正处于受到人类影响最严重的状态之下，热爱自然风光的人们比猩红裸鼻雀还要引人注目，他们的红色雨伞使野生猎物受到惊吓。然而即使是这样，这也是令人鼓舞的，可以被认为是这个时代希望的象征。

点评集萃

缪尔完全吸引了读者的注意力——凭借对美国自然风景丰富而文采四射的描述，对沧海桑田的直觉的再创造式的地理叙事，对植物、树木和岩石博学的编目，对《圣经》以及他所喜爱的作家——爱默生和梭罗的多次征引。

——（美）《环境主义者书架》

任何对作品的威力心存怀疑的人，只要想想约翰·缪尔所取得的成就，就会深信不疑了。

——（美）《美国读本》

科技的发展不是人类进步的唯一衡量标尺。当人类没有一片完整的森林时，人类的再进步也就没有意义了。

——法国环境学家　尼古拉·赫斯博马

《鸟儿不惊的地方》

作　者：[俄] 米·普里什文

译　者：吴嘉佑　等

出版社：长江文艺出版社

作者简介

米哈伊尔·米哈伊洛维奇·普里什文（1873～1954），前苏联诗人、作家。他怀有强烈的对自然的关爱之情，他的创作不仅拓宽了俄罗斯现代散文的主题范围，而且为其奠定了一种原初意义上的风貌。

普里什文的主要作品有：随笔《鸟儿不惊的地方》、《跟随神奇的小圆面包》、《别列捷伊之泉》、《在隐没之城的墙边》、《大自然的日历》、《黑阿拉伯人》、《仙鹤的故乡》；长篇小说《恶老头的锁链》；中篇小说《人参》等。

米·普里什文像

内容简介

《鸟儿不惊的地方》是普里什文的成名之作。

作者从人类学、社会学、民族学的角度，以富有俄罗斯民间文学特色的语言，细致生动描绘了自己在实地考察中所接触的北方地区的自然地貌和人文景观，描述了尚未被现代文明冲击的人们的淳朴生活以及质朴自然的民俗风情，经过作者的悉心处理，书中融合了历史深处凝重而从容的思考，耐人寻味。

面对清新怡人、宁静舒心的境地——"鸟儿不惊的地方"，作者流露出希望自己能够与大自然浑然一体的愿望，甚至发出了"与朴实的人们相处，心情也轻松了很多"的慨叹。作者对大自然的一往情深在其丰富的生物学知识的熏染下，体现出"亲人般的关注"。本书将对人、对自然、对万物的爱化为于诗意、哲理为有机统一的唯美画卷，令人赏心悦目。

全书脉络清晰，语言亲切，感情真挚，让读者在对大自然的无尽向往中，反思周遭的环境以及自身对环境造成的污染，引导人们热爱自然，关注自然。

历史影响

《鸟儿不惊的地方》是再现北方原生态生活和文化的第一部艺术品。作者通过"原生态"式的描写，对自然的生活给予了丰富的情感，同时与人们当今的生活状况做了对比，可以触发人们的环保意识。

作者通过现在很少有"鸟儿不会受惊扰"的地方的提示，点出了人类对环境的影响和对自然界的改变，发人深省。

精彩书摘

众所周知，柏林是一个被铁路环绕的城市。在德国首都，市民出行都离不开火车，从车窗里可以观赏到都市里的生活。我记得，当时使我很惊讶的是，在居所和厂房之间到处可以见到小小的亭子。在这些小亭子之间，有一片半间房子面积大的土地，周围竖着篱笆，一些拿着铁锹的人在地里刨着什么。在高大的建筑石墙和正冒着烟雾的烟囱之间，看见这些拿着铁锹的人们岂不叫人感到奇怪？我就很好奇，想弄清楚这究竟意味着什么。还记得与我同车厢的一位先生对着这些庄稼人鄙夷地笑了笑，就像大人讥笑小孩似的。他告诉我一些他们的情况：在首都的房屋之间，总有一些没有建造房屋或铺上沥青和石头的小块土地，于是，几乎每个柏林的工人都禁不住想要租用一块这样的小土地，在上面先建造一个小亭子，然后利用星期天在亭子周围种上土豆。他们之所以这样做，并非出于利益的考虑，因为这些微不足道的土地当然不会收获太多的蔬菜。但是这就是工人的"别墅"。秋天，土豆成熟的时候，工人们在自己的园子里举行土豆节宴会，而且宴会无一例外的总是以火炬游行告终。

这些德国的别墅主人就以这种方式给自己的心灵寻找慰藉。别墅的意义，就在于可以恢复在城市里因过度劳累而失去的体力，并与大自然进行直接的沟通。与大自然的交流把人引入了奇思妙想之中。与这些夏天拥挤在城市郊区、别墅里的工薪阶层的人们相处，我们的心情顿觉轻松了一些。现在读者会明白我为什么要安排这样两个月的自由时间了，因为我要为自己的心灵找一个地方。在那里，我将对我周围的自然世界没有任何疑问；在那里，人类，这个大自然的最危险的敌人，可以对城市一无所知，却能够与大自然浑然一体。

在哪里能找到一个鸟儿不受惊扰的地方呢？当然是在北方，在阿尔汉格尔斯克或奥洛涅茨省，这是一个离彼得堡最近、又没有接触到城市文明的地方。与其说要在"旅行"这个词的完全意义上使用自己的时间，亦即使自己的足迹遍布这个广阔的空间。我觉得，还不如在这儿找一个具有典型性的小角落住下来，研究这个小角落，这样会比旅行更易于得出有关当地情况的准确结论。

绿树环抱的别墅

从经验上来说，我知道，现在在我们国家已经很少有这样一个地方：在那里鸟儿不会受惊扰。于是，我从科学院和省长那里办理了免检证，我要前往各地搜集民族学材料。在记录神话、壮士歌、民歌、哀歌的时候，我确实有机会做一些有益的事情。同时，在从事这些美好而又极为有趣的活动时，我可以有很长一段时间在精神上得到休息。我把感兴趣的东西都拍成照片，并带着这些资料，回到彼得堡，我决定尝试撰写短篇系列特写，哪怕它充当不了这个地区的全部风景，也能在某些方面成为这个地区风景画的补充。

点评集萃

在《鸟儿不惊的地方》一书中，普里什文在强调"革命"、"生产"、"征服自然"的语境下，走的是独特的"第三条路"，他认为文学应该像自然那样是"中性"的。

——中国当代文学家 刘文飞

《鸟儿不惊的地方》是培养我成人的书籍之一。

——前苏联作家 法捷耶夫

大自然对于悉心洞察它并歌颂它的人，如果能生感激之情的话，那么，这番情意首先应该归于普里什文。

——前苏联作家 康·巴乌斯托夫斯基

《伐木者，醒来！》

人与环境知识丛书

作　者：徐刚

出版社：中外文化出版公司

作者简介

徐刚（1945～　），中国当代诗人、著名环保作家，毕业于北京大学中文系。他以诗歌成名，作品有《抒情诗100首》、《徐刚9行抒情诗》；散文集《秋天的雕像》、《林中路》、《夜行笔记》等。

徐刚对自然环境的关注来自于童年时的芦苇，及洪水之后在屋子里抓到的鱼和田螺。后来，他偶然在资料中发现我国的森林面积、土地面积在锐减，加上大兴安岭的一场大火，他开始对大自然给予了更多的关注。

徐刚像

自1978年以来，徐刚致力于人与自然的研究以及环境文学的写作。作品有《伐木者，醒来!》、《守望家园》、《中国，另一种危机》、《绿梦》、《倾听大地》、《中国风沙线》、《地球传》、《长江传》等。徐刚的作品曾获首届徐迟报告文学奖、中国图书奖、中国环境文学奖、冰心文学奖等奖项。他则被称为"中国的卡森"，并被冠以"中国环境作家第一人"、"环保作家"的美誉。

内容简介

本书出版于1987年，当时即在社会上引起强烈的反响。那时的中国"靠山吃山，靠水吃水"，人们的环境保护意识非常淡薄，加之受利益的驱使，乱砍滥伐的现象极为普遍，水土流失、土地沙漠化极为严重。愚昧的人们依旧挥舞着斧子，此时的徐刚却一个人日夜兼程、跑遍了大江南北，经过考察研究，他目睹了一幕幕让人扼腕的画面，最终发出"伐木者，醒来"的一声呐喊。该书的出版使他踏上了环保写作的"不归路"。他放弃了在诗坛和散文界所得到的声誉。他认识到：中国的土地荒漠化不仅在西北，还涉及西南。麻木的伐木者必须立刻清醒，为了人类的可持续发展，森林必须得到有效的保护。

徐刚在书中多层次多角度地论述了大肆毁坏森林给人类生存环境带来的种种危害：从全世界原始森林资源的逐年锐减，到中国生态环境的恶劣变化，无不显现出未来人类社会的生存危机。

书中大量的数据、真实的故事让人触目惊心。徐刚以痛苦激愤的心情，报告了国内的人们大肆砍伐森林，造成生态失衡、水土流失、物种灭绝、自然灾害频发的现状。他充满深情地赞美了森林带给人类的福祉，愤怒地控诉了人类毁坏森林的野蛮行径，为维护人类自身的生存环境、生态平衡发出了呐喊："毫不夸张地说，阳光下和月光下的砍伐之声，遍布了中国的每一个角落……"本书更是一针见血地指出："日益残破的森林哺育着日益膨胀的人类。"他把创作同人类、国家、社会的千万年大计联系在一起，为人类环境意识的启蒙点燃了一盏灯。本书以其对生命和自然的深刻体悟，对家园毁损和生存危机的忧患意识，对现代生活观念的历史性反思，为全人类展开了一个绿色的视野。

历史影响

《伐木者，醒来！》堪称中国环境文学史上划时代的警世力作。它对中国环境发出的棒喝之声以及所起的警醒作用，可比于《寂静的春天》之于美国的作用。"中国土地上生态破坏的恶性循环：越穷越开山，越开山越穷，越穷越砍树，越砍树越穷！"徐刚所揭示的事实及所进行的痛彻反思，是许多无视环境生态的后果、盲目追求眼前利益者的一剂良药。

本部作品的影响远远超出了书本身的内容，它惊醒了国人，改变了人们的思想观念和生活方式，冲击了利欲熏心的心灵。从肆意砍伐森林，到遍及全民的日常种树、护树活动，人们的思想意识在作家的呐喊声中发生了翻天覆地的变革。

精彩书摘

一个"钱"字，使社会、使人生出现了多少困惑！

当中国人好不容易把"钱"与万恶不赦区分开——其实在这之前，无产阶级也没有离开过钱，而不择手段的发财致富已经从缺斤短两、假、冒、劣、次的坑害人发展成了对自然资源的严重破坏，不惜损害国家利益、掠夺子孙后代！

今天的一部分人富了，明天面对的却是一片荒野秃岭，从长远意义来说其实比过去更穷了！

福建安溪县以出产铁观音茶闻名，这几年铁观音茶和观音菩萨一起时来运转，销路大增，为此而发财的人不少。于是毁林毁地种茶成风，短短三五年时间，水土流失已经显而易见。这种现象若成为恶性循环，失去了生长铁观音茶的高山竹园所特有的环境及气候条件，到时候农田既毁，树木已不复存在，而茶园也势必凋敝，山民何以为生？子孙何以为业？

留下的也许只是现在到处流行的一纸关于铁观音茶的广告——

安溪铁观音茶是我国乌龙茶中的极品。竹园地处安溪高山，自然气候条件得天独厚，其特殊的采制加工技术历史悠久，所出品的铁观音茶，香气清郁，滋味甘醇，以独特的铁观音韵味而驰名中外。饮后回甘，去暑解热，消食利尿，杀菌疗疾，提神醒酒，消肥降压，还能防牙蛀，抗辐射，防癌，是当今原子时代的高级饮料。

这一篇广告全文是笔者从一盒铁观音茶的包装盒中得到而实录的。铁观音驰名中外此话不假，从防牙蛀到防癌抗辐射，广告已做绝，笔者也不敢怀疑，无限感慨的只是：后人将怎样品味我们？历史将怎样品味今天？

使福建省林业部门大为不安的还有：很能赚钱的食用菌——白木耳、香菇等是以砍伐后的阔叶树作为主要原料的，为了赚钱而不惜砍树，赚小钱而失去了本应造大福于今人和后人的森林，令人不寒而栗！古田县以古田银耳闻名，在消耗了大量森林资源后，现在全县仅剩下阔叶林蓄积18万立方米，老树所剩无几，从今年起砍伐幼林。闽侯县的三个乡，在1986年因生产食用菌便砍伐了2万多立方米的木材！

食用菌何以如此风行？原因是周期短、投资少、效益高，许多贫困乡都把生产食用菌作为扶贫致富的主要手段。而贫困乡几乎一律都是森林少、土地薄，于是在把自己的树木砍光之后又去邻乡邻县购买、偷伐。

…………

人的狂妄、自私与愚昧如果不是因为大自然及时的惩罚而稍有挫折的话，人类毁灭自己的速度将会更快！

往浓烟深处走去，烟雾时浓时淡、忽远忽近，在树木间飘忽，火光里一棵棵大树小树先是被浓烟吞没，继而是一树绿色变成焦炭状，然后小一些的树成为枯木倒下了，大树们则虽死犹立，必须再砍几刀才会倒下。

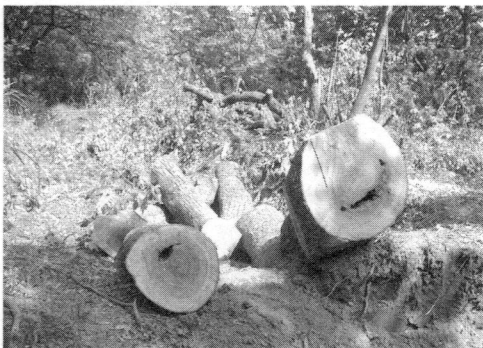

树林中大量的树木被砍伐

点评集萃

你不能不为徐刚感动。他把文明外衣下的野蛮、知识覆盖下的愚昧、利欲熏染下的无知，一层层地展示在我们的面前，并告诉我们，没有绿色的自然，哪有人类的未来？

——中国学者　文怀沙

特大的洪灾已经对徐刚的《伐木者，醒来！》做了最权威、最公正、最准确的评价。

——中国高级工程师　蔡小平

植被是大地的肌肤，当大地遍体鳞伤时她还能微笑吗？

——英国环境学家　艾曼·富多尔斯

《我们需要一场变革》

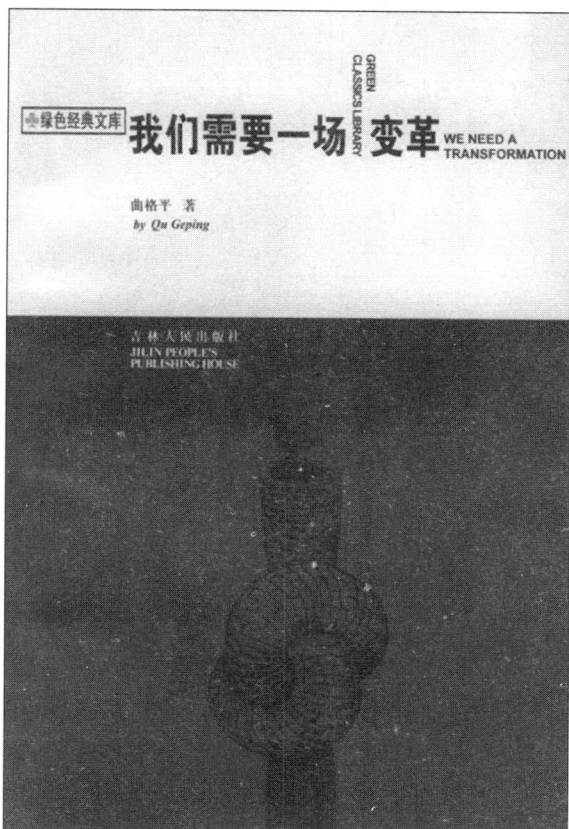

作　者：曲格平

出版社：吉林人民出版社

曲格平，1930 年出生，教授、环境科学家，现任全国人大常务委员会委员、中华环境保护基金会理事长、中国环境管理干部学院名誉院长。

1972 年，曲格平作为中国政府代表团成员出席了在斯德哥尔摩召开的第一次人类环境会议，从此即献身于环境保护事业。1976 年后任中国常驻联合国环境规划署首席代表、国务院环境保护领导小组办公室副主任、国家环境保护局局长等职位，并获得过"联合国环境规划署金质奖章"、"中国首届绿色科技特别奖"、荷兰王储颁发的"金方舟"奖、世界自然基金会"爱丁堡公爵保护奖"等奖项。

曲格平像

曲格平参与了"预防为主，防治结合"、"谁污染谁治理"和"强化环境管理"三大环境政策体系的制定，他积极推动我国环境保护事业的建设和发展。到目前为止，分别在北京大学、山东大学、中国环境管理干部学院设立了"曲格平奖学金"，以鼓励高校开展环境保护等相关研究，鼓励莘莘学子为我国的环保事业努力奋斗。

除本书外，他还著有《中国的环境问题及对策》、《中国的环境与发展》、《世界环境问题的发展》、《困境与选择》、《中国自然保护纲要》、《中国人口与环境》、《环境保护知识读本》、《梦想与期待》、《环境科学大辞典》等著作。

内容简介

20世纪,人类社会飞速发展,取得了巨大的物质成就。然而,同时也面临着空前的危机:资源枯竭、人口膨胀、环境恶化、粮食短缺……所有的这一切,对人类的生存和发展都构成了严重的威胁。

由于毁林开荒,过度放牧,致使许多地区的森林、草原遭到大肆破坏,水土流失、沙漠化日益加剧,自然灾害频发;由于工业生产无节制地排放污染物,导致大气污染、水污染、土壤污染事故接连发生,人们的生命安全受到了严重威胁。由于人类排放的二氧化碳等温室气体的不断增多,使得地球温度急剧升高,两极冰雪融化,海平面上升等一系列问题发生。此外,臭氧层破坏、生物灭绝、酸雨蔓延等问题的日益加重,也给人类的生存前景增添了暗淡的色彩。生存还是毁灭?这个困惑促人反思,令人警醒。人们越来越认识到:摆脱这场危机的关键,是人类需要进行一场深刻的变革。

改革开放初期,曲格平大胆地提出引进国外先进的管理经验,结合我国国情,制定了八项环境管理制度和措施,从而使中国在经济倍增的20世纪80年代,避免了环境状况的进一步恶化,为建立和完善具有中国特色的环境保护道路做出了突出贡献。

曲格平在理论和实践上的贡献,得到国内社会各界的积极评价,同时也受到国际社会的广泛赞誉。

《我们需要一场变革》精选了20多年来有较大影响的作品,可以看成是对中国当代环境保护历史系统的回顾。曲格平在多年的研究基础上,认真总结国内外的环境保护经验,分析了我国环境的现状,我们所面临的任务,环境污染的症结所在,关于可持续发展的讨论等,提出了适合中国基本国情的、具有独创性的环境保护理论。

本书阐释了经济建设与环境保护协调发展的理论;人口与环境的演变规律和相互作用的机制;运用一般系统论和系统工程的原理和方法建立和完善我国环境管理的理论体系和政策体系等。并且他指出:只有发展经济才能创造出包括适宜的环境在内的高度物质文明和精神文明,强调在发展的同时要保护环境,避免走西方国家"先污染,后治理"的弯路。

全书语言晓畅，逻辑严密，映现出一位环保老人的远见卓识和拳拳之心。

历史影响

《我们需要一场变革》通过诸多生动、有趣的事例，系统地阐述了生态环境各个领域的科学知识，向读者提供了许多新信息、新理论，并从生态伦理的高度阐述了保护环境是人类义不容辞的责任。

"增强绿色意识，营造绿色未来"不仅是我们每个人的职责，而且应该成为我们的一种思维方式和生活方式。

精彩书摘

目前我国环境的污染，主要来自工业。追根溯源，解决污染，首先要解决工业的污染。工业是国民经济的主导，加快国民经济的发展，实现社会主义现代化强国的目标，不高速发展工业不行。解决工业污染显然不能靠限制发展、停止发展的因噎废食的办法，而应在发展的同时采取相应的防止或消除污染的措施，求得发展与环境的协调，这是正确的、积极的办法，也是完全可以做得到的。

工业污染，不仅危害农林牧副渔业的发展，影响工农关系，危害广大人民的健康，而且也直接影响工业本身的发展：第一，凡是工业生产污染危害周围环境的，其工厂内的劳动环境必然首先被污染，而且往往更加严重。工业污染的直接受害者是工人，工人长期处在被污染的环境中从事劳动，就要影响他们的健康，甚至丧失劳动能力。因此，污染危害是对生产力的直接破坏。第二，工业污染腐蚀损坏设备、厂房、下水道等，使设备不能正常运转，仪表失灵，增加维修费用，影响生产的正常进行。第三，清洁的水和空气是许多工业生产的原料或重要条件。被污染的水和空气直接妨害生产的进行，影响产品质量，增加处理费用，加大生产成本。第四，工业污染物都是工业生产中原材料和能源的直接或间接的遗失。污染物，即通常所说的"三废"，排放量越多，原料消耗越大，生产成本就越高，造成国家资源的很大浪费。因此，解决工业污染，已经成为加速工业发展的迫切需要。

解决工业污染，不是消极被动地处理，而是要预防，要积极主动地去做污染物的转化工作，实现化害为利，变废为宝，把消极因素变为积极因素。马克思把工业废物的利用称之为新的生产要素。他指出：生产排泄物，即所谓的生产废料，通过人们的积极利用，可以"转化为同一个产业部门或另一个产业部门的新的生产要素"，"再回到生产从而消费（生产消费或个人消费）的循环中"。工业废弃物是巨大的物资宝库，有人称之为"二次工业原料"，开展综合利用，大有可为。比如有色冶炼厂排放的"废气"中含有大量二氧化硫，危害很大，如加以利用，可以制成工业需要的硫酸。我国一些重点企业尚未被利用的尾气，以硫酸计就达几十万吨。利用尾气生产硫酸，一不要开矿，二不要运输，建设快、成本低，一举多得。烧碱是造纸的工业原料，每年随废水排放掉的碱就有几十万吨之多，成为污染水源、危害渔业生产的一大害。如果造纸厂把碱都进行回收利用，是一笔多么大的财富啊！

综合利用是一项重要的经济政策。开展综合利用，就要打破行业界限，实行一业为主，多种经营。钢铁厂利用废料生产化工、建材产品，造纸厂同时生产化工产品，火电厂生产建材产品，化工厂生产建材、有色金属产品等等。广泛开展工业"三废"的综合利用，将大大扩大原料来源，加速工业生产的发展，收到多快好省的效果。

消除污染，保护环境：一靠政策，二靠科技。工业污染物排放量的多少与采用的生产技术直接相关，先进的生产工艺和设备，不产生或少产生废弃物和其他不良因素，因而不危害或少危害环境；落后的生产工艺和设备，使大量的原料和能源变成废弃物或者同时产生射线、噪声、震动等，构成对环境的污染危害。马克思指出："在生产过程中究竟有多大一部分原料变为废料，这要取决于所使用的机器和工具的质量。最后，还要取决于原料本身的质量。"因此，广泛开展技术革新，改进工艺，特别是研制无害环境的新工艺、新技术，就成为对整个工业进行技术改造，挖潜革新的重大课题。

要求工业生产把废弃物减少到最低限度是必要的。但是要求不产生废弃物，在当前对大多数工业部门来说还难以做到。积极的办法就是开展工业废弃物的综合利用或无害化处理，这同样需要科学技术。"科学的进步，特别是化学的进步，发现了那些废物的有用性质。"目前大多数工业废弃物虽有技术处理措施，但往往处理时间长、效果差，装置庞杂，花钱多。还有些污染物没有技术处理措施，只好任其排放。为了改变这种状况，一方面厂矿企业要广泛开展技术革新活动；另一方面科研单位要针对量大面广的污染物进行系统的研究，找出最好的利用和处理方案，把工厂的科学实验活动和专业科研结合起来，把眼前处理污染与长远根治结合起来，使环境科研更好地为消除污染、保护环境、实现四个现代化服务。

为了做好环境保护工作，必须大力开展宣传教育，使各级领导干部和广大人民群众都了解其重要意义，人人献策，个个动手，同污染作斗争。广大人民群众和处在生产第一线的工人，身受其害，有消除污染、改善环境的强烈愿望，有解决污染的积极性，只要把群众发动起来，污染问题就很容易解决，还要发动群众对环境进行监督。对那些群众反应强烈，污染危害严重的企业，要限期治理，污染严重的，要停止生产，直到解决了污染问题再进行生产。

点评集萃

曲格平教授是一位高级领导人，又是一位杰出学者。他对中国环境保护事业 20 多年的努力及产生的良好结果，使我们不能不说是他开创了中国的环境保护事业。

——哈佛大学环境委员会主席　麦克瑞

曲格平教授为中国的环境保护做出了杰出的贡献，他通过他的演讲、报告和文章，提高了中国人民的环境保护意识。他的环保实践为发展中国家树立了一个榜样。

——1992 年联合国环境奖颁奖公告

曲格平领导并参与制定了具有中国特色的环保政策体制，提出"谁污染谁治理"的思想，成为把市场经济思想引入环保的最早实践者。

——《中国日报》

《为无告的大自然》

自然之友书系

为无告的大自然

Wei Wu Gao De Da Zi Ran

主编 梁从诚 梁晓燕

百花文艺出版社

作　者：梁从诚　梁晓燕
出版社：百花文艺出版社

作者简介

梁从诫，（1932～　）。北京大学教授、全国政协委员、民间环保组织"自然之友"创办人之一，现任会长。梁从诫因突出的环保活动，曾获得"亚洲环境奖"、"地球奖"、"公众服务奖"、"绿色中国年度人物"等奖项，以及"环境使者"、"环境保护杰出贡献者"等称号。梁从诫认为，人们想过好日子，是无可厚非的，但

梁从诫在演讲

若不惜以破坏、践踏生态环境为代价，则是一种对大自然的犯罪。

梁晓燕，环保主义者，"自然之友"创始人之一，为"自然之友"的创立做出了突出的贡献。梁晓燕与梁从诫一起编写过《走向未来》丛书。

内容简介

《为无告的大自然》是"自然之友书系"之一，该书于2000年出版，反映了"自然之友"从筹备至2000年6年多来的艰辛历程。"自然之友"全称为"中国文化书院·绿色文化分院"，成立于1994年3月31日，是中国第一个在国家民政部注册成立的民间环保团体，会址设在北京，创始人是梁从诫、杨东平、梁晓燕、王力雄。"自然之友"累计发展会员1万多人，其中活跃会员3000余人，团体会员近30家。各地会员热忱地在当地开展各种环境保护工作。"自然之友"自创办起，开展的行动有：保护川西洪雅天然林、保护滇西北德钦县原始森林滇金丝猴、开展藏羚羊保护工作与可可西里地区反盗猎

行动等。"自然之友"以推动群众性环境教育、提高全社会的环境意识、倡导绿色文明、促进中国的环保事业，以争取中华民族得以全面持续发展为宗旨。"自然之友"已成为标志性组织之一，对中国环保事业和社会的发展做出了卓越贡献。

"自然之友"认为提高公众的环境保护意识，使环境保护成为全体社会成员共同的责任和使命，在公众中树立人与自然和谐共处的新型文化观念和生活方式，社会经济和可持续发展才能在中国实现，中国的环境才能得到真正有效地保护。它举行了几十次由专家主讲的"绿色讲座"，会员应邀到各学校、团体作报告或讲课达百余次，多次参与了多种环保主题的出版物等等。此外，"自然之友"还积极关注并参与解决具体的环境问题，曾就治山和治水的关系、城镇消费、首钢搬迁、野生动物等问题通过全国政协渠道向政府提出相应建议，并通过传媒很好地宣传了"自然之友"的环境保护主张。最令"自然之友"会员们欢欣鼓舞的是，他们的工作保护了环境，保护了原始森林，保护了濒危动物……

本书收录了"自然之友写的"和"写自然之友的"百余篇文章，既有专家学者的哲思、记者作家的妙笔，也有普通百姓发自内心的绿色心声，是20世纪最后几年里中国公众绿色心声的真实体现，是"自然之友"的行为理念、思想主张以及实际行动的缩影，也是中国民间"非政府组织"（NGO）创立和发展历程的一份可贵记录。同时也从侧面揭示出中国环境日益恶化的现状，倡导人与自然为友的意识，号召人们关注自然，爱护自然。

历史影响

《为无告的大自然》是一本普通百姓写给自己的书。然而，当把这些普通的文字集结在一起时，却产生了深刻的哲学含义。正如梁从诚先生所说："它不仅讲述了我们应当怎样保护环境，而且还讲述了我们应当怎样做'人'。当前，在四处弥漫的商业化的、短视而浮躁的社会风气中，它向读者展示了一种全然不同的理念，一种可望而且可及的清新的精神境界。"

精彩书摘

1985年，在可可西里发现金矿的消息引起了这里前所未有的淘金热。沿昆仑山北端的库赛湖、卓乃湖、五雪峰、布喀达坂峰、马兰山、太阳湖等地，到处分布着沙金，从1984年以来，每年都有约三万左右的金农进入其间来淘金。据非官方消息，目前这里的金农达到九万余人。严重破坏了可可西里的沙金资源。更为严重的是，数万人的吃喝成了大问题，于是这里的野生动物纷纷罹难，十年中，野生动物数量就减少了三分之二。

可可西里，蒙古语中的意思是"美丽的少女"。

1992年7月，玉树藏族自治州政府批准成立治多西部工委，索南达杰任工委书记。从西部工委建立到索南达杰牺牲，一共是545天，在这500多天中，索南达杰十二次进入可可西里考察，行程六万多公里，历时354天。

藏羚羊是中国特有的一级保护野生动物，大部分生活在平均海拔4000米以上的可可西里高原。它的羊绒（SHAHTOOAH，音沙图什）在国际上被视为"羊绒之王"，用其织出的"沙图什"披肩价值比同等重量的黄金和铂金还贵，在国际上深得一些显贵豪富们的青睐。正是这非比寻常的价格，勾起了犯罪分子的贪欲。从八十年代开始，犯罪分子开始武装开进可可西里无人区，大肆猎杀藏羚羊。六十年代，这里的野生动物群的壮观程度丝毫不亚于非洲大草原，成群的藏羚羊、野牦牛奔跑起来，烟尘遮天蔽日。然而盗猎分子比狼还凶猛，他们经常开着车追杀藏羚羊，有时一次就能屠杀五百只以上。到九十年代中期，全可可西里的藏羚羊最乐观的估计也只有两万只了，这期间至少有几十万只藏羚羊惨死于盗猎分子的枪下。

藏羚羊是中国的特有动物，生活在中国西部海拔4500米以上的高原。1979年，它被列入《国际野生濒危动植物贸易公约》（CITES）严禁贸易物种名录。然而，尽管有这样的国际禁令，自八十年代中期开始，藏羚羊绒制品在国际市场上却十分走红。它们可以在欧洲许多国家和其他国家的市场上买到，而这些都是CITES的签字国。1996年，在伦敦一条藏羚绒披肩售价可达3500英镑。欧洲市场上的高价又使从中国非法出口到印度进行加工的藏羚绒原料价格随之上涨。

商人们编造神话，说绒是藏羚羊换季时自然脱落后，由牧民们从草原上一点一点捡来的。但事实是：这些绒都是从被盗猎者打死的藏羚羊皮上摘取的。而从每只羊身上只能取绒 125～150 克。

由于盗猎，藏羚羊的数量正在急剧减少。目前只有 75000～100000 只左右（1995 年），仅为一百年前的十分之一。按照在印度加工的藏羚羊绒的数量估算，每年当有 20000 只以上的藏羚羊被猎杀取绒。如果盗猎以这样的规模进行下去，二十年内藏羚羊将有可能被灭绝。

珍妮·古道尔带给我们的是一种永恒的，对动物、对人类、对未来的爱，还有她那闪烁着生命之光的富于生存哲理的昭示——唯有理解，才能关怀；唯有关怀，才能帮助；唯有帮助，才能拯救。

特雷莎修女说："你给予必得使你有所付出，而你所给予的不只是在你的生活中可有可无的东西，你也将给予你生活中不可或缺的，或是你不想失去的，你非常喜欢的东西。"因为，"在这个世界上，伪装爱是如此容易，因为没有人会真确地要求你给予，直到成伤，直到成疾。"

我们是在服务别人还是只在享受另类度假或满足做好事的虚荣感？

伪装爱是如此容易。爱故乡，爱土地似乎成了从政客到百姓的口头禅，但是，你是否为了爱而付出，为了爱付出你珍视的东西，你不想失去的东西？

当你预见美好的事物时所要做的第一件事，就是把它分享给你四周的人，这样，美好的事物才能在这个世界上自由自在地传播开来。

点评集萃

绿色哲学所提倡的生活方式是把无限增长变为自我控制，把感官享乐转向审美追求，变征服自然为顺应自然。

——"自然之友"会员　王力雄

《为无告的大自然》是一部人人必读之书。"自然之友"敬畏生命的言行感人至深，他们果敢的行为将会对人们旧有的生活理念有所改善。

——英国环保主义者　丹吉尔斯·海斯伊

《绿色生活手记》

作　者：莽萍
出版社：中国政法大学出版社

作者简介

莽萍，中国当代作家、环保主义者、中央社会主义学院副教授，主要研究当代宗教思潮和环境伦理问题，著有《绿色生活手记》、《俞颂华》、《走进动物园》、《为动物立法：东亚动物福利法律汇编》等作品。近年来，她参与了许多动物保护活动，发表了大量宣传环境保护、动物保护的文章，被称为"受难动物的代言人"。1999 年，她将实践写成《绿色生活手记》一书，被誉为"绿色作家"。

莽萍像

内容简介

地球环境是一个有机整体，每一部分受到伤害都将不可避免地影响到另外一部分或整体。或许，人们不觉得原始森林被砍伐和自己的生活有什么关系，动物的栖息地被破坏和自己的利益有什么相干……但是，当水土流失、冰川消融、泥石流发生、洪水泛滥时，也许紧接着的是——丰富的水系慢慢地变成干枯的河泥。这一远景，我们似乎已经在黄河的经验里看到了。在人类漠视乃至任意侵害大自然所固有利益的情形下，人类的利益也不可能得到持续和良好的保障。

人是自然进化漫长历程中最复杂最高级的生命形式。然而，这并没有给予人类随意役使自然的特权，相反，它赋予人类一种特殊的责任——善待自然。也只有这样，人类才能得到自然的赏赐。

《绿色生活手记》列举了国内众多虐待动物、残杀动物、破坏动物的基本生存条件等现象，并对其进行了详细的分析，论述了其产生的根源。作者希望通过立法强制性地保证驯养动物、野生动物的福利，并对动物饲养、动物运输、动物屠宰应实施法律管理的态度。作者认为，现代人不能无止境地利用自然、掠夺自然资源，因为包括人在内的整个生态系统具有紧密的联系，我们应从把人作为地球环境中的一个成员的角度去考虑并处理人类的生活方式。

本书介绍了一种绿色生活方式、绿色生活实践、环境问题是人的问题、绿色思潮等方面的内容。文中提到的事实都是平日发生在我们身边的事情，所以读来处处能够启发思考。作者主张绿色生活，并真诚地介绍了绿色运动的身体力行者在日常生活中的一些可行的操作方法，启迪心智。

本书行文流畅、文笔细腻，富有感情色彩。作者以推己及物的情怀，请求人们关心我们身旁的一切生灵，善待自然。正如作者所说："人类出于自然，就如婴儿出于母腹。对自己的母亲，我们应当深怀感谢之情，用爱和奉献而不是贪求和索取去对待她。"

历史影响

《绿色生活手记》中有对于动物权利问题的哲学思考，有围绕人与动物关系问题展开的道德推理，有关于人与自然的关系的探究，一切的言论都是为人类善待动物、善待自然的行动进行思想的"训练"。

现如今，"绿色"已经步入了我们的生活，"绿色生活"的理念正被越来越多的人进行实践操作。

精彩书摘

如果我们以自然为敌，恐怕真的需要那么多农药。

就以螨类来说，人们把它们列为害虫，其实，土壤中的一些螨类与真菌、细菌以及原始昆虫一样，对促进土壤中的物质循环，比如除掉枯枝败叶和促使森林地面碎屑慢慢转化为土壤，将动植物的残体还原为组成它们的无机质等等的过程中，起着重要的作用。它们不停地在土壤里艰苦地劳动着，却不晓得正被人们当做害虫加以杀灭。在土壤中还有一些较大的生物居民，它们的劳动使得土壤中充满空气，并促进水分在整个植物生长层渗透。在这些较大的生物中，蚯蚓可能是最重要的居住者。蚯蚓因为其促进土壤疏松和蓄水保肥以及促使有机残体腐烂和微生物活动，而被称为"生物犁"。卡逊引用达尔文的计算表明，"蚯蚓的苦役劳动可以一寸一寸地加厚土壤层，并能在十年间使原来的土层加厚一半。然而这并不是它们所做的一切；它们的洞穴使土壤充满空气，使土壤保持良好的排水条件，并促进植物的根系发展。"蚯蚓虽然被视为益虫，可是，大量使用农药和化肥，怎么可能不伤害到这些土壤中的"苦役劳动者"呢？现在，有充分的证据表明土壤中的蚯蚓住民已经日渐稀少了！

此外，土壤中还有大量我们不知道的生物生存着，它们与土壤的丰富性正是同时存在的。杀死了它们就等于杀死了土壤的丰富性；破坏了与土壤和谐相处的生物系统就等于破坏了土壤本身。事实上，你只要看一看那些板结的土地、贫瘠的没有生命的土壤，就知道这并不是危言耸听。据第二次全国土壤普查 1403 个县的情况来看，约 12% 的耕地土壤严重板结，其余的土壤状况也并不理想。这是 80 年代末的调查结果，现在恐怕板结土地更多，弃耕和土撂荒的地更多。这主要是滥用农药和化肥的结果。我们已经夺尽了我们赖以生存的土壤的自然肥力，使土壤不再富有活力、不再松软肥沃。

尽管如此，这也并不是在说要完全禁止使用化学农药（这似乎已经不可能了），而仅仅是说不要滥用（注意：是滥用）化学农药。人们应该非常小心谨慎地、有针对性地使用那些

被污染的土地

化学药剂，因为土地河湖对农药的承受力是有限的，超过自然的极限是有害的。现在，有的专家已经在呼吁，土壤中的化肥和农药达到饱和状态是非常危险的。但是，人们却不愿意去思索化学农药对于自然和人类有什么危害。现代人觉得应用化学农药是一件理所应当的事情。这种想法阻碍了人们去思考和反省的可能性。

点评集萃

　　《绿色生活手记》文笔清新，陈义平实。作者以推己及物的情怀，请求人们关心身旁的生灵，善待自然。文中提到的事实都是平日发生在每个人身旁的事情，所以读来处处能够启发内心的思考。

——中国当代史学家　张广达

　　绿色生活是一种有利于环境保护的生活方式，只有我们坚持"绿色"生活，才能更多地享受自然的绿色。

——法国环保主义者　索菲·伍德菲尔